建筑垃圾减量化问题研究

王秋菲　王盛楠　著

中国建筑工业出版社

图书在版编目（CIP）数据

建筑垃圾减量化问题研究/王秋菲，王盛楠著. —北京：中国建筑工业出版社，2018.9

ISBN 978 - 7 - 112 - 22722 - 8

Ⅰ.①建… Ⅱ.①王… ②王… Ⅲ.①建筑垃圾—垃圾处置 Ⅳ.①TU746.5

中国版本图书馆 CIP 数据核字（2018）第 218879 号

本书聚焦于建筑垃圾减量化管理活动中的三个核心的问题：第一，不同政策工具下具体的制度对政府和建筑施工企业的减量化行为的影响；第二，政府可以通过调整哪些影响因素来推动企业进行减量化活动、实现建筑垃圾减量化目标；第三，政府利用何种工具更利于建筑垃圾减量化管理活动的开展。本书基于有限理性的假设，运用演化博弈和数值模拟仿真等研究方法，根据不同的环境政策工具，构建了政府和建筑施工企业在建筑垃圾减量化过程中的演化博弈模型，从罚款制度、排污费制度和补贴制度这三个层面深入探讨了政府和建筑施工企业行为变化情况对建筑垃圾减量化的影响。

本书可供从事建筑垃圾管理工作的有关人员使用，也可供高等院校的教师和研究生等参考。

责任编辑：张　晶　牟琳琳
书籍设计：锋尚设计
责任校对：姜小莲

建筑垃圾减量化问题研究

王秋菲　王盛楠　著

*

中国建筑工业出版社出版、发行（北京海淀三里河路9号）

各地新华书店、建筑书店经销

北京锋尚制版有限公司制版

北京京华铭诚工贸有限公司印刷

*

开本：787×960 毫米　1/16　印张：9½　字数：158 千字

2018 年 10 月第一版　　2018 年 10 月第一次印刷

定价：38.00 元

ISBN 978 - 7 - 112 - 22722 - 8

（32828）

　　近年来，随着我国城镇化进程不断加快，建筑垃圾的产生量和排放量也在逐年增加。据有关专家统计，我国每年已产生多达 3 亿 t 的建筑垃圾，约占垃圾总量的 30% ~40% 。建筑垃圾导致的环境污染问题已逐渐影响到公众的日常生活，许多城市的建筑垃圾数量巨大，"垃圾围城"的现象日益严重，而数量巨大的建筑垃圾本身也意味着对资源的浪费。因此，如何控制建筑垃圾的排放量，从而改善环境状况、实现资源合理利用已经成为了政府和学者关注的焦点问题。

　　目前，我国学者对于建筑垃圾减量化方面的研究主要集中在减量化的意义与内涵、建筑施工企业减量化意识等方面，对能够用于建筑垃圾减量化管理中的政策制度研究较少，对不同的政策制度是如何影响施工企业减量化行为这一方面研究很少。但事实证明，只有通过调整政策制度、使建筑垃圾减量化与企业的利益相关联，企业才会进行减量化活动。因此，在当前的研究背景下，有必要对不同环境政策工具下的政策制度进行分析，探究环境政策工具对建筑施工企业减量化行为的影响，考察政府与建筑施工企业在不同环境政策工具下的策略演化趋势，为政府制定政策提供理论依据。

　　本书首先从研究背景和相关理论基础入手，对书中涉及的相关概念进行界定，并对环境政策工具进行划分、对影响建筑垃圾减量化的因素进行归纳。然后，基于有限理性的假设，运用演化博弈和数值模拟仿真等研究方法，根据不同的环境政策工具，建立政府和建筑施工企业在建筑垃圾减量化过程中的演化博弈模型，从罚款制度、排污费制度和补贴制度这三个层面深入探讨了政府和建筑施工企业在建筑垃圾减量化活动中的行为变化情况以及影响因素的变化对政府和建筑施工企业减量化行为的影响，通过对模型进行仿真模拟，验证理论分析得到的结果。最后，根据理论分析结果和模拟仿真的结果，对不同政策工具下各类制度的优越性和局限性进行归纳，对各类制度的适用条件进行总结，并从政府的角度提出进行建筑垃圾减量化管理的政策建议。

本书各章的写作大纲、书稿的修改、定稿以及第 1 章、第 3 章、第 4 章、第 5 章、第 6 章、第 7 章由沈阳建筑大学王秋菲、王盛楠完成；第 2 章由沈阳建筑大学史金艺完成。

本书力求做到逻辑严谨，论述清晰，以满足读者的需要。由于作者水平有限，书中不足之处在所难免，敬请读者批评指正。

作 者

2018 年 3 月

目　录

1

建筑垃圾及
建筑垃圾减量化概述

1.1
建筑垃圾含义及特征

1.1.1　建筑垃圾定义

建筑垃圾的概念有广义和狭义之分。从广义上讲，根据建设部 2005 年 3 月颁布的《城市建筑垃圾管理规定》中第二条第二款规定，建筑垃圾是指建设单位、施工单位新建、改建、扩建和拆除各类建筑物、构筑物、管网等以及居民装饰装修房屋过程中所产生的弃土、弃料及其他废弃物。还有学者认为建筑垃圾还应包括因地震、飓风、洪水等自然灾害或战争等人为造成的灾难毁坏建筑物而产生的废弃物料[1]。根据建设部对建筑垃圾的定义，建筑垃圾可以分为 5 类，具体分类和组成见表 1 − 1。

建筑垃圾分类　　　　　　　　　　　　　　表 1 − 1

建筑垃圾分类	组成
土地开挖垃圾	建筑工程基础开挖的表层土和深层土
道路开挖垃圾	混凝土道路开挖产生的废混凝土块和沥青道路开挖产生的沥青混凝土块
旧建筑物拆除垃圾	砖、石头、混凝土、木材、塑料、石膏和灰浆、屋面废料、钢铁和非金属等
建筑施工垃圾	在建筑施工中所产生的碎砖、混凝土、砂浆、桩头、包装材料等
建筑生产垃圾	为生产各种建筑材料所产生的废料、废渣

从狭义的角度对建筑垃圾界定主要是考虑建筑垃圾的来源性，认为建筑垃圾是旧建筑物及构筑物拆除后废弃的部分[2]。旧建筑拆除垃圾在所有建筑垃圾中的占比最大，也是造成建筑垃圾的主要来源。根据狭义的定义，建筑拆除过程中产生的建筑垃圾主要是建筑垃圾混凝土块，其余为金属、砖块和塑料制品等。

不同时期建筑物拆除所产生的建筑垃圾主要成分与建筑物的结构有关。砖混结构建筑中砖块和瓦砾约占 80%，其余为木料、碎玻璃、石灰、渣土等。框架和剪力墙结构的建筑中，混凝土块约占50%~60%，其余为金属、砖块、砌块、塑料制品等[3]。目前我国拆除的旧建筑多属砖混结构。随着时间的推移，建筑水平的越来越高，建筑垃圾的主要成分也将从砖块、瓦砾向混凝土块转变。

不同的国家和地区对建筑垃圾的定义也不尽相同。美国环保局将建筑垃圾定义为[4]："建筑结构（包括建筑物、道路以及桥梁等）在新建、翻修或拆除过程中产生的废物材料，主要包括砖、混凝土、石块、渣土、岩石、木材、屋面、玻璃、塑料、铝、钢筋、墙体材料、绝缘材料、沥青屋面材料、电器材料、管子附件、乙烯基、纸板以及树桩等。"

欧盟按照建筑垃圾的来源将其分为以下4类[5]：建筑物/构筑物拆除产生的垃圾；建筑物/构筑物新建、改建、扩建、翻新过程中产生的垃圾；土地平整、土建工程或一般的基础设施建设产生的渣土、石头和植被等；道路规划和养护活动中产生的相关废料。

日本将建筑垃圾定义为建设工程副产物[6]，包括再生资源和废弃物两类。其中，再生资源主要指建设工程排除土和可以再生利用作为原材料使用的物质，如混凝土块；废弃物包括建设污泥等不能作为原材料使用的物质。

我国香港环境保护署将其定义为[7]："任何物质、物体或东西因建筑工程而产生，不管是否经过处理或储存，而最终被弃置。工地平整、掘土、楼宇建筑、装修、翻新、拆卸及道路等工程所产生的剩余物料，统称为建筑废物。"

综合以上法律法规和一些专家及学者们的意见，建筑垃圾是在对建筑物、构筑物的施工、装修和拆除等环节中产生的对建筑物本身无用或不需要的排出物料。

1.1.2　建筑垃圾的特征

建筑垃圾与其他固体废物相似，具有鲜明的数量性、时间性、空间性和持久危害性。

（1）数量性

据前瞻产业研究院《中国建筑垃圾处理行业发展前景与投资战略规划分析报告》整理统计，每1万 m² 建筑的施工过程中，会产生建筑垃圾 500~600t，而拆除 1 万 m² 旧建筑，将产生 7000 ~ 1.2 万 t 建筑垃圾。我国建筑垃圾数量已经占城市垃圾总量的 30% 以上。保守估计，未来十年，我国平均每年将产生 15 亿 t 以上的建筑垃圾。预计到 2020 年，建筑垃圾将达到 26 亿 t，2030 年更将达到 73 亿 t[8]。

（2）时间性

任何建筑物都有一定的使用年限，随着时间的推移，所有建筑物最终都会变成建筑垃圾。但是，所谓"垃圾"仅仅相对于当时的科技水平和经济条件而言，随着时间的推移和科学技术的进步，除少量有毒有害成分外，所有的建筑垃圾都可能转化为有用资源。例如，废混凝土块可作为生产再生混凝土的骨料；废屋面沥青料可回收用于沥青道路的铺筑；废竹木可作为燃料回收能量。

（3）空间性

从空间角度看，某一种建筑垃圾不能作为建筑材料直接利用，但可以作为生产其他建筑材料的原料而被利用。例如，废木料可用于生产黏土 - 木料 - 水泥复合材料的原料，生产出一种具有质量轻、导热系数小等优点的绝热黏土 - 木料 - 水泥混凝土材料。又如，沥青屋面废料可回收作为热拌沥青路面的材料。

（4）持久危害性

建筑垃圾主要为渣土、碎石块、废砂浆、砖瓦碎块、混凝土块、沥青块、废塑料、废金属料、废竹木等的混合物，如不作任何处理直接运往建筑垃圾堆场堆放，堆放场的建筑垃圾一般需要经过数十年才可趋于稳定。在此期间，建筑垃圾粉碎机废砂浆和混凝土块中含有的大量水合硅酸钙和氢氧化钙使渗滤水呈强碱性，废石膏中含有的大量硫酸根离子在厌氧条件下会转化为硫化氢，废纸板和废木材在厌氧条件下可溶出木质素和单宁酸并分解生成挥发性有机酸，废金属料可使渗滤水中含有大量的重金属离子，从而污染周边的地下水、地表水、土壤和空气，受污染的地域还可扩大至存放地之外的其他地方[9]。而且，即使建筑垃圾已达到稳定化程度，堆放场不再有有害气体释放，渗滤水不再污染环境，大量的无机物仍然会停留在堆放处，占用大量土地，并继续导致持久的环境问题。

1.1.3 建筑垃圾的危害

（1）占用大量的土地

按照垃圾平均产出量折算，每新建 1 万 m² 建筑，就产出建筑垃圾 400～600t；每拆除 1 万 m² 旧楼，就产出建筑垃圾约 5000～7000t。据统计资料，北京奥运会筹建期间，每年产生的建筑垃圾达 4000 万 t，奥运会后回落到 2000 万 t 左右；上海世博会筹建期间，年产生 2000 多万 t 的建筑垃圾；苏州近年由于城市建设和老城区改造，每年产生 750 万 t 建筑垃圾；深圳每年产生近 1000 万 t 建筑垃圾；广州每年产生 1400 万 t 建筑垃圾。各大省会级城市每年产出建筑垃圾近千万吨，十几年来建筑垃圾总存量达几十亿吨。按照国际测算法，每万吨建筑垃圾占用填埋场的土地 1 亩，我国每年产生的建筑垃圾填埋占地面积就要超过 10 万亩。现有建筑垃圾除极少量处理后用于工程回填外，均采用简单的占地填埋处理。

（2）污染环境

工程施工在清运和堆放过程中都会产生遗撒和粉尘、灰砂飞扬等造成环境污染，而绝大部分建筑垃圾采用露天堆放或填埋的方式处理，这些建筑垃圾被堆放和填埋在城市周围后，不仅占用土地，而且造成土壤沙化、土壤肥力下降，影响农产品的生长、产量和质量，更为严重的是造成河流堵塞，排涝困难，特别是其中含有各种重金属、有害放射性物质和化学物质严重腐蚀和污染的地表水，通过雨水渗漏严重腐蚀和污染地下水，危害极大，对人类的生存环境构成极大的威胁。

（3）影响城市市容

目前我国建筑废弃物的综合利用率很低，许多地区建筑废弃物未经任何处理，并且被施工单位运往郊外或乡村，采用露天堆放或简易填埋的方式进行处理。工程建设过程中未能及时转移的建筑垃圾往往成为城市卫生的死角，混有生活垃圾的城市建筑垃圾如不能进行适当的处理，一旦遇到雨天，脏水污物四溢，恶臭难闻，往往成为细菌的滋生地。而且建筑废弃物运输大多采用非封闭式运输车，不可避免地引起运输过程中的废弃物遗撒、粉尘和灰砂飞扬等问题，严重影响了城市的容貌和景观。可以说城市建筑垃圾已成为损害城市绿地的重要因素，是市容的直接或间接破坏者。

1.2

建筑垃圾管理的相关政策

1.2.1 国外建筑垃圾管理政策

据统计，我国平均每年新竣工的建筑面积达到 20 亿 m^2，这个数字接近全球每年建筑面积的 1/2，并且还逐年递增，预计到 2020 年我国将新增约 300 亿 m^2 的建筑面积，如果我国不能减少建筑废弃物的产量，如此多的建筑工程将会产生大量的建筑废弃物[10]。目前，我国在建筑废弃物循环利用方面存在许多不足，建筑废弃物排放量大、年排放量增长速度快的现象依然存在，主要是因为我国的建筑废弃物循环机制不健全。因此，借鉴国外先进的建筑废弃物处理经验，从技术、管理、政策方面制定我国的建筑废弃物循环利用机制尤为重要。

（1）美国

据美国拆建回收协会（Construction & Demolition Recycling Association）统计，美国建筑垃圾年排放量约 3.25 亿 t，占城市垃圾总排放量的 40%。美国根据建筑废弃物的种类和特性，将建筑垃圾循环利用大致分为 3 个层次，从低级到高级对建筑废弃物进行分层回收（表 1-2）。选择最优的路径对建筑废弃物进行回收处理，使之得到循环利用。

美国建筑废弃物的分级层次 　　　　　　　表 1-2

利用层次	方法途径
低级利用	施工人员在施工现场对建筑废弃物进行分拣堆放、简单回填等，约占建筑垃圾总排放量的 50%~60%
中级利用	美国的建筑垃圾处理厂建在大中城市远离市中心的地带，最大程度地减少建筑废弃物处理对居民与环境的影响。建筑废弃物处理企业回收建筑垃圾，用建筑垃圾代替传统的路基材料。建材生产企业将建筑废弃物加工成为各种砌块、骨料等，约占建筑垃圾总排放量的 40%
高级利用	将建筑废弃物加工还原，成为可循环建筑材料，如将建筑垃圾加工成水泥、沥青等再利用[11]

美国建筑废弃物回收利用产业的快速发展也得益于政府制定的相关政策。美国依靠政府强制力来推进建筑废弃物的回收利用，已经进行了三次大的政策变革，20世纪60年代，通过政府及部门的行政手段，实现建筑废弃物的污染控制；20世纪70年代，通过对市场进行经济刺激，鼓励企业在源头削减建筑废弃物产量；20世纪80年代，政府倡导、企业自律、公众参与三方结合，各州结合自身特点，制定法律规定，公开发布建筑废弃物年排放量，限制建筑废弃物的排放。美国各州积极响应联邦政府的政策，目前已有37个州提供建筑废弃物排放量信息，27个州提供建筑废弃物处理量信息，11个州提供再生建材产量信息[12]。美国环保局（EPA）也在讨论，是否应该要求各州对建筑废弃物排放量进行年度更新。从政府单方制定政策到鼓励多方积极参与，美国建筑废弃物的政策已逐渐成熟。

美国建筑废弃物的有效利用得益于完备的法律制度。1965年颁布的《固体废弃物处理法》对固体废弃物作出分类，对建筑产业废弃物的处置和排放作出规定。1970年颁布的《资源回收法》，进一步扩大了建筑废弃物管理的工作范围，从之前简单地控制排量、废弃物处理工作到回收、再利用、减量化等方面的管理工作。1980年颁布的《超级基金法》、《建筑垃圾填埋场设计规范》、《处理建筑垃圾行政许可制度》等法律法规则对建筑垃圾的处理作出了更为详细的要求。相关行政部门作出专门许可后，企业方可排放或运输建筑废弃物。生产过程中产生工业废弃物的企业，不得随意倾卸废弃物。这些政策实现了源头控制，即控制了建筑垃圾的产生与排放。1990年颁布的《污染预防法》提出，废弃物处理应以预防为主，以事前控制取代末端治理，从源头上控制建筑废弃物的产生[12]。美国通过一系列的法律法规，促进建筑废弃物的回收利用工作，使得建筑废弃物的回收利用达到规范化、制度化、程序化的要求。

为实现建筑废弃物循环利用，美国环保局（EPA）发起了Building Savings计划，引导企业从事建筑废弃物循环利用的活动，从源头减少建筑废弃物的产生及排放。各州的政府与企业都积极响应，出现了一系列示范项目。例如，俄亥俄州的Marion参议员区在拆除过程中，对金属、混凝土、沥青等建筑废弃物进行分类（包括人工分类与机械分类），回收可利用的建筑废弃物，使得该工程的建筑废弃物回收利用率达到82%，节省成本约160000美元。美国各州政府也制定政策，引导企业进行建筑废弃物分类回收。例如，加利福尼亚州环保局建立了建筑废弃物回收商品数据库；俄亥俄州环保局发布了建筑废弃物在线查询目录，为有意愿进行建筑废弃物减量化的企业提供参考；德克萨斯州交通部于2013年投入6.77亿美元，用于购买再生建材，使得250万t的建筑废弃物得以循环利用而非简单填埋，仅回收利用碎混凝土一项就为当地环保局节约了120万美元。

美国政府也出台了一系列经济政策，鼓励更多的企业从事建筑废弃物回收利用工作。美国政府通过税收抵免的方式促进建筑废弃物的循环利用。亚利桑那州的法律规定，若企业通过分期付款的方式购买再生资源或处理废弃物型设备，政府可以按10%的比例减少企业需缴纳的销售税；康涅狄格州政府对生产再生资源的企业，提供利率较低、风险较小的小额创业基金，同时减免该类企业的所得税、设备销售税及财产税等[12]。美国也通过直接刺激手段，推动建筑废弃物的循环利用。例如，美国政府对排放建筑废弃物的企业征收排污费、垃圾税等。

（2）日本

日本国土面积窄，自然资源匮乏，加上战争给日本的沉重打击，使得日本必须考虑如何节约资源，减少建筑废弃物的产生，实现建筑废弃物的高效循环利用。据统计，日本建筑废弃物的利用率在2010年就已经达到93%以上。日本将建筑废弃物循环利用划分为三个阶段，分别是建筑废弃物产生阶段、建筑废弃物处理阶段以及建筑废弃物回收利用阶段。通过对建筑废弃物处理的各阶段进行立法，结合严格的管理制度，减少了建筑废弃物的排量，实现了建筑废弃物的再生利用。

在建筑废弃物的产生阶段，日本政府制定了一系列政策措施（表1-3），从源头限制建筑废弃物的产生。建筑废弃物大部分产生于建筑物建造和拆除阶段。日本政府对建筑物的建造和拆除有着严格的约束，表现为：在项目的设计阶段，要求尽可能地减少或避免建筑废弃物从施工现场的排放；设计需尽量延长建筑物的使用寿命；新建或拆除建筑物需向有关有关部门申请，不得擅自拆除；业主、施工单位与建筑废弃物处理单位需共同合作，减少建筑废弃物排放量等。

日本建筑废弃物产生阶段法律措施 表1-3

法律法规名称	制定、修改时间	主要内容	主要措施
《建筑垃圾对策行动计划》	1994年6月	政府制定建筑垃圾循环政策，由建筑单位、施工单位和建筑废弃物回收处理企业三方合作，执行政府制定的政策[13]	新建或拆除项目前，企业需提交规划，相关部门对项目进行审查、备案
《建设副产物再循环推动计划》	1997年10月	政府要求企业应减少建筑废弃物的产生、促进建筑废弃物的再生利用。对建筑废弃物的再生利用提出了具体要求，即建筑废弃物零排放	
《建设再循环指导方针》	1998年8月	要求建设单位或业主在建设项目立项阶段、设计阶段制定"再循环计划书"；施工单位制定"可再生资源利用规划"和"促进可再生资源利用计划书"	
《绿色采购法》	2000年制定，2001年实施	尽量购买不污染环境的建筑原材料[12]	

在建筑废弃物处理阶段（表1-4），日本法律中规定，建筑废弃物的处理需由排放者负责，排放者可按法律规定，将建筑废弃物委托给建筑废弃物处置企业进行处理。日本的《废弃物处理法》、《建设副产物妥善处理推进纲要》等法律中也对建筑废弃物的处理作出规定，属于产业废弃物的建筑废弃物由企业亲自处理或委托给其他具有相关资质的企业进行处理。对于不按法律规定履行义务的企业或个人，政府将对随意燃烧丢弃者处以5年以下拘役或1000万日元以下罚款（若为法人则处1亿日元以下罚金）[14]。

日本建筑废弃物处理阶段法律措施 表1-4

法律法规	制定、修改时间	主要内容	主要措施
《废弃物处理法》	1970年，法第137号；2012年最终修改，法第53号	将建筑废弃物归为产业废弃物，由排放者负责；建筑废弃物需要进行特殊处理；未按要求进行处理的企业或个人经调查核实后需缴纳罚金，严重的将被处以拘役处分	禁止随意堆放、填埋建筑废弃物
《建设副产物妥善处理推进纲要》	1993年5月，1998年12月，2002年5月30日修改	建设单位和施工单位需参照政府制定的建设垃圾处理标准，履行义务。标准中包括了建设废弃物的合理处置以及建设工程的施工顺序	
《推进形成循环型社会基本法》	2000年，法第110号	规定了建筑垃圾废弃、回收、处理、利用的具体行动方针；企业应承担"生产者责任"	

在建筑废弃物的回收利用阶段，为保证建筑废弃物被高效回收，日本政府确定了详细的回收分类体系，确立了建筑废弃物分类回收制度。为规范再生建材的市场，引导企业从事再生建材生产活动，日本的法律中采用建筑废弃物处理的准用许可制度，明确了相关企业的责任与入行准则。政府需要为建筑废弃物资源化的单位或企业提供资金资助，以鼓励企业进行建筑废弃物资源化。同时，法律中规定了工程项目中必须使用建筑废弃物再生建材的种类与比例，要求公共建筑必须使用建筑副产品作为原材料，明确表示未按规定使用将受到处罚。法律强制要求政府和施工单位使用再生建材，可以保证建筑废弃物回收利用企业的利益，使得更多的企业从事再生建材生产，如此便实现了建筑废弃物的循环利用（表1-5）。

日本建筑废弃物回收利用阶段法律措施　　　　表1-5

法律法规名称	制定、修改时间	主要内容	主要措施
《资源重新利用促进法》	1991年3月	企业需对建筑废弃物进行"再资源化"处理，按照法律规定进行循环利用；如再生资源未能得到有效利用，企业需接受处罚。同时要求，公共设施或建筑必须使用再生材料	对建筑废弃物分类回收体系进行分级细化；要求公共建筑必须使用再生建材
《环境基本法》	1993年，法第91号	是建筑垃圾处理方面最基本的法律，是环境保护的基本规定	
《建设再循环法》	2000年5月31日公布，法第104号；2002年5月30日正式实施；2011年8月30日最终修改，法第105号	1）建筑材料要分类拆除，拆除者要按规定登记。2）明确了政府各部门与相关企业的责任范围。3）废旧建筑需按照不同类别采取不同的拆除工艺，以促进建筑废弃物的再利用。政府有义务通过对公民进行教育和宣传，使国民与政府积极合作。中央政府有义务为促进建筑垃圾循环利用的企业或机构提供必要的资金援助	
《建筑废弃物再生促进法》	2003年	明确规定了建筑工程中需要使用的再生建材的范围、种类、数量等；法律明确规定，未履行义务的企业将受到行政处罚	

（3）德国

德国是世界上较早对建筑废弃物进行大规模利用的国家之一。德国将建筑废弃物分为四类，即土方开挖产生的渣土、废弃建材、道路建造与维修过程中产生的建筑废弃物及建筑物施工现场产生的建筑废弃物[15]。德国70%以上的建筑废弃物都可以实现循环利用。德国建筑废弃物之所以利用率较高，主要归功于成熟的废弃物处理技术。同时德国的建筑废弃物处理企业还不断开发新工艺、新技术来提高建筑废弃物的利用率，通过分离具有危害性的材料，实现再生材料循环利用[16]。

（4）丹麦

丹麦主要是通过对填埋和焚烧建筑废弃物征税的方法来控制建筑废弃物的产量[17]。20世纪80年代开始，污染者每焚烧或填埋1t建筑废弃物需缴纳约为5欧元的税费。而到了20世纪90年代，填埋或焚烧的税收增长近一倍。如此高的税率使得污染者主动地寻找废弃物循环再生利用的途径和方法，提高了建筑废弃物的循环利用率[18]。

（5）法国

法国建筑废弃物循环利用的经验是从源头控制废弃物产量。具体做法如下：首先，建设方与设计方之间先签订协议，协议内容包括选择材料的种类、建筑结构以及施工方案等；然后，建设单位与施工单位签订合同条款，施工单位开始组织施工；最后从生态效益和经济效益两个方面评价建筑废弃物的处理方案。

（6）新加坡

新加坡的年建筑废弃物产生量约为60万t，日均产生量约为1667t。其中，98%的建筑废弃物都得到了有效处理，50%～60%的建筑废弃物实现了循环利用[19]。新加坡建筑废弃物管理及综合利用有以下三个特点：

第一，从源头控制建筑废弃物的产生。新加坡要求建筑工程设计必须遵循"绿色设计"的理念，设计方与施工方共同协商，在施工方案中融入绿色建筑理念，施工采用的材料应以可再生资源为主，最大限度地减少不可再生建筑废弃物的产生。

第二，分类利用建筑废弃物。新加坡国土面积小、资源有限，因此新加坡政府不提倡对建筑废弃物进行填埋，要求建筑废弃物处理企业对建筑废弃物分类回收。通常情况下，施工企业将废钢筋、废砖瓦等有使用价值的建筑废弃物分拣出来加以利用或出售，将工程渣土等可再次利用的建筑废弃物用于回填，剩下的则交由专门建筑废弃物处理企业进行二次分类处理[19]。

第三，政府出台经济扶持政策。新加坡对建筑废弃物处理企业实行土地优惠和财政资助，鼓励企业从事建筑废弃物处理事业，使建筑废弃物处理行业得到较快发展。例如，建筑废弃物处理企业可以以很低的价钱从政府租一片土地，建立建筑废弃物处理技术的研发中心[20]。

1.2.2 国外建筑垃圾管理经验和借鉴

通过对美国、日本、欧洲各国及新加坡的建筑废弃物利用机制进行比较可以看出，发达国家建筑垃圾管理的主要思路是实现建筑废弃物循环利用，路径是在于构建了一套完善的涵盖建筑废弃物利用技术、经济政策、管理手段的机制。美国、日本、欧洲各国及新加坡的建筑废弃物利用机制主要有以下几个方面的特点：

（1）完备的法律体系，保证建筑废弃物的循环利用

美国和日本通过立法，实现了建筑废弃物的循环利用，既控制了建筑废弃物随意填埋、堆放的现象，又保证了建筑废弃物的循环利用。实践证明，实现建筑废弃物的循环利用的关键在于，制定一套完整且符合本国情况的法律。如美国政府于1965年颁布的《固体废弃物处理法》和1970年修订发布的《资源回收法》等、日本的《废弃物处理法》及《建筑废弃物再生促进法》等十几部法律都详细说明了建筑废弃物循环利用的方法、程序、相应的激励政策与惩罚措施[18]，日本的法律中还规定了建设工程必须使用建筑废弃物的范围和数量，法律政策覆盖面广，内容明确。这使得建筑废弃物的循环利用有了法律依据，在法律的约束下促使建筑废弃物循环利用。

（2）宏观政策与微观政策相结合，加强政策的可操作性

美国、日本建立了完备的建筑废弃物循环利用法律体系后，又结合法律制订了一系列的政策措施，保证了法律的系统性与政策的可操作性。美国环保局针对建筑废弃物循环利用的法律，发起了Building Savings计划，列出示范工程节省的材料和资金，鼓励企业进行建筑废弃物循环利用。日本结合法律规定，在建筑废弃物循环利用的各个阶段实施不同的政策，如在产生阶段实行建筑物新建拆除备案政策，在处理阶段实行建筑废弃物转移联单政策，在回收利用阶段实行分类回收、强制性使用建筑废弃物的政策。法律与政策之间有效衔接，确保建筑废弃物

的循环利用。

（3）政府激励扶持建筑废弃物回收处理企业发展

为激励建筑行业相关企业投身于建筑废弃物回收处理中，美国、日本都采取了一系列的激励政策，政府带头购买再生建材。美国的建筑废弃物循环利用企业可获得税费减免，各州政府带头购买再生建材，国家的审计人员有权对未按规定购买再生建材的地方政府机构进行行政处罚[21]。日本为鼓励企业，使企业增加对建筑废弃物回收处理设备、技术研究及开发项目的投入，首先鼓励中央和地方政府率先购买和使用以建筑废弃物为原料的再生建材，通过这种方式，鼓励企业开展建筑废弃物的资源化利用活动。

（4）先进的建筑废弃物处理技术

欧洲各国及新加坡的建筑废弃物得以充分利用，主要是由于它们拥有先进的建筑废弃物处理技术。德国将建筑废弃物分为四类，针对不同类建筑废弃物采取不同的处理技术，留下有用的资源，剔除有毒有害的资源。丹麦主要是通过对填埋、焚烧建筑废弃物企业征税的方法来迫使企业考虑如何优化建筑废弃物处理技术，使企业减少不必要的损失。法国设立了专门的建筑废弃物处理实验地，通过实验寻找处理建筑废弃物的最佳途径。新加坡在处理建筑废弃物之前，将建筑废弃物进行分类，以提高建筑废弃物的回收利用率。可以看出，对建筑废弃物进行分类是建筑废弃物得以充分再利用的前提。

（5）从源头控制建筑废弃物的产生

对建筑废弃物采取源头管理可以有效控制建筑废弃物的数量。欧洲各国主要通过建设方与设计方签订协议来实现建筑废弃物的源头管理，最后要对不同处理方式进行评价，分析处理方式的可行性，为下一次如何对建筑废弃物进行源头控制提供历史数据。新加坡通过设计方与施工单位协商，制定绿色施工方案，同时由于政府提高建筑废弃物的排放价格，使得施工单位必须考虑如何从源头控制建筑废弃物的产生、减少建筑废弃物的排放。

1.2.3　我国建筑垃圾管理政策

随着现代建筑业的飞速发展，新建工程、扩建工程、改建工程、需拆除的工程数量不断增加，导致大量的建筑垃圾产生，使得我国许多城市出现"垃圾围城"的现象。以建筑竣工面积与建筑施工面积为基数（建筑竣工面积与建筑施工面积来源：中华人民共和国国家统计局国家数据），对我国近十年来建筑垃圾的年产量进行估计（表1-6），发现我国建筑废弃物年产量呈现逐年增加的趋势。

2004~2013 年国内建筑垃圾年产量估计值表　　　　　　　　　表 1-6

年份	建筑竣工面积（万 m²）	建筑施工垃圾年产量（万 t）	建筑施工面积（万 m²）	建筑拆除面积（万 m²）	建筑拆除垃圾年产量（万 t）	建筑垃圾年产量（万 t）
(1)	(2)	(3) = (2) × 0.055	(4)	(5) = (4) × 10%	(6) = (5) × 1.30	(7) = (3) + (6)
2004	147364.04	8105.02	310985.71	31098.57	40428.14	48533.16
2005	159406.20	8767.34	352744.70	35274.47	45856.81	54624.15
2006	179673.00	9882.02	410154.40	41015.44	53320.07	63202.09
2007	203992.70	11219.60	482005.50	48200.55	62660.72	73880.31
2008	223592.02	12297.56	530518.63	53051.86	68967.42	81264.98
2009	245401.64	13497.09	588593.91	58859.39	76517.21	90014.30
2010	277450.22	15259.76	708023.51	70802.35	92043.06	107302.82
2011	316429.28	17403.61	851828.12	85182.81	110737.66	128141.27
2012	358736.23	19730.49	986427.45	98642.75	128235.57	147966.06
2013	389244.93	21408.47	1129967.69	112996.77	146895.80	168304.27

注：1. 建筑施工垃圾年产量 = 建筑年竣工面积 × 单位施工面积建筑垃圾产生量，按每建成 1 万 m² 的建筑，会产生建筑垃圾 550t 进行估算；

2. 建筑拆除垃圾年产量 = 建筑年拆除面积 × 单位拆除面积建筑垃圾产生量，通常我国拆除建筑建筑面积约为当年新建建筑施工面积的 10% 左右，结合当前拆除建筑物的结构特点，按照拆除 1m² 建筑物约产生 1.30t 建筑垃圾进行估算；

3. 建筑垃圾年产量 = 建筑施工垃圾年产量 + 建筑拆除垃圾年产量[22]。

我国建筑废弃物产量从 2010 年开始，建筑废弃物增长速度大幅提高。经测算，2010、2011 两年的建筑废弃物排放量年增长率达到 19% 以上。其中，拆除建筑物过程中产生的建筑废弃物，占建筑废弃物总排放量的 80% 以上。可以看出，我国的资源循环利用意识不够，仅将建筑废弃物作为垃圾，随意填埋、丢弃。如何处理建筑废弃物，减少建筑废弃物排放量，实现建筑废弃物的循环利用，已经成为我国急需解决的问题。

如何对建筑废弃物进行循环利用已引起了我国政府的高度重视。为实现建筑废弃物的循环利用，我国于 2013 年 6 月成立了中国城市环境卫生协会建筑垃圾管理与资源化工作委员会，会中制定了关于建筑废弃物循环利用的报告，以探索适合我国建筑废弃物循环再生的道路。中央政府已出台一系列的法律政策，从建筑物的设计阶段到建筑物的拆除阶段，对建筑废弃的处理回收作出详细规定，用经济手段鼓励企业对建筑废弃物进行循环利用。

我国的法律政策体系已日趋完善（表 1 - 7）。新的《中华人民共和国环境保护法》于第十二届全国人大常委会通过，于 2015 年 1 月 1 日起正式实施。"双罚制"是新环保法中的亮点，即经济处罚与行政处罚相结合，双管齐下。首先，引入了"按日计罚"的经济处罚措施，对于违法排放污染物而拒不更正的，将按照原处罚数额按日处罚；其次，对于严重违反环保法的企业，政府可对企业负责人采取行政拘留处罚。同时，为促进企业进行技术改造，加强管理，从而减少排污，我国于 2015 年全面推行环境税政策，对建筑垃圾等十类固体垃圾征收环境税，不再征收排污费。环境税与之前的排污费相比，环境税把一种并不具有法律效用的地区性收费，改变成全国范围内具有法律效用的税收制度，这样可以引导企业担负起保护环境的责任。政策为我国实现建筑废弃物的循环利用提供了保障。

我国主要的法律法规　　　　　　　　　　　　　　表 1 - 7

年份	法规条例名称	主要内容
1989	《中华人民共和国环境保护法》	首次提出建设项目时，需采用资源利用率高、环境污染程度低的设备和工艺，建筑废弃物处理设备与再生建材生产设备需经济、环保
1992	《城市市容和环境卫生管理条例》	明确了企业有如下行为时，有关部门可对企业进行处罚：在施工现场随意堆放物料或没有明确的堆放地点，项目竣工后场地不整等
1995	《城市固体垃圾处理法》	对于建筑垃圾的收集处理等方面作出相应具体的规定，明确了相关参与方的责任
2002	《排污费征收使用管理条例》	规定了对固体废弃物按照种类与数量征收排污费制度
2003	《中华人民共和国清洁生产促进法》	对企业清洁生产的义务与法律责任规定不对等，将污染物减量和综合利用等清洁生产内容作为环境影响评价事项予以规定

续表

年份	法规条例名称	主要内容
2004	《中华人民共和国固体废弃物污染环境防治法》	规定了对建筑垃圾管理的现场检查制度明确相关监管部门的责任；规定通过采用先进工艺从源头控制固体废弃物的产生；规定企业对固体废弃物处理需申报登记，经有关部门许可后方可处理
2005	《城市建筑垃圾管理规定》	规定建筑垃圾处置实行收费制度，对不按规定处理建筑垃圾的企业进行处罚
2006	《再生资源回收管理办法》	与固体废弃物其相关的回收经营活动作了详细的规定
2009	《中华人民共和国循环经济促进法》	要求建筑设计、建设、施工等要节约资源与能源，有条件还要使用可再生能源；国家鼓励对无害的建筑废弃物生产建筑材料以及要求建设单位对施工过程中的建筑废弃物进行综合利用与无害化处置
2010	《关于建筑垃圾资源化再利用部门职责分工的通知》《中华人民共和国可再生能源法》	明确了国家发展改革委、住房和城乡建设部等管理建筑废弃物循环利用的相关部门分工；对开发可再生能源的机构予以资金支持，对可再生能源产业给予税收优惠
2015	《中华人民共和国环境保护法》（修订）	引入了"按日计罚"的经济处罚措施；对逃避监管的方式、违法排放污染物的人员进行行政拘留处罚；征收环境保护税后将不再征收排污费

我国虽然制定了一系列的政策促进建筑废弃物的循环利用，但我国建筑废弃物的回收处理仍然存在着问题与挑战。主要包括以下几个方面：

缺少关于建筑废弃物循环利用的专项法律。涉及建筑废弃物循环利用方面的法律虽然多，但是没有专门的法律来规定建筑废弃物的处理再生途径。长期以来，我国对建筑废弃物进行循环利用的思想没有从法律中进行确认，仅在其他法律法规中有所涉及。与美国、日本的建筑废弃物处理法律相比，我国仅于2005年颁布《城市建筑垃圾管理规定》，对建筑废弃物进行回收利用还没有上升到法律层面，只是进行规定，不具有强制性。缺少专门的法律也使得各监管部门的责任范围不清，无法发挥各自的优势，使得对建筑废弃物的管理监督存在漏洞。

缺少达到政策目标的配套制度。为实现建筑废弃物的循环利用，美国采用建筑废弃物分级利用，日本细化建筑废弃物的种类以便对其进行分类利用，而目前我国对建筑废弃物的利用则是堆放或填埋，仅要求建筑企业需对建筑废弃物进行回收利用，但没有回收利用措施与之相匹配。此外，各国对处理回收建筑废弃物的责任方都规定的非常明确，本着"污染者付费，处理者获利"的原则，明确了企业作为生产者应负的责任。

惩罚多于奖励，难以调动企业积极性。我国的法律中仅提到政府对从事建筑废弃物循环利用的企业给予税收优惠，政府需对该类企业进行扶持。但政策中未详细说明何种行为可以享受税收优惠，优惠政策有哪些，政府如何对企业进行扶植等。相反，我国的政策中对排污费的计量方式及收取范围、对排放建筑废弃物的企业采取的惩罚措施规定得十分详细。国外的经验表明，通过政府的激励和税收优惠可以调动企业从事建筑废弃物处理利用的积极性。美国各州对从事建筑废弃物回收利用的企业或机构给予税收优惠与经济鼓励，购买再生产品或用于生产再生产品的设备可享受优惠政策。日本鼓励相关政府部门率先购置再生建材，通过"绿色消费"机制来激励建筑废弃物的循环利用。这些国家的建筑废弃物数量在短时间内迅速下降，与本国的激励政策机制是密不可分的。

1.2.4 我国建筑垃圾管理的建议

建立建筑废弃物分类回收制度政府或相关机构需规定建筑废弃物分类原则、建筑废弃物分类方法、不同类别建筑废弃物的处理方式等。并参照国外发达国家处理建筑废弃物的经验，将建筑废弃物按是否有害、是否可直接被利用的标准分为三类，即可直接利用的建筑废弃物、经加工处理后方可利用的建筑废弃物和危险有害不能被利用的建筑废弃物[19]。其中，可直接利用的建筑废弃物将由施工单位负责处理；经加工处理后方可利用的建筑废弃物需由施工单位交给专门的建筑废弃物处置企业进行处置；危险有害不能被利用的建筑废弃物需交给有处理危险品资质的建筑废弃物企业进行处理。建筑废弃物的分类及处置利用的要求如图1-1所示。

明确建筑废弃物循环利用过程中各参与方的责任，建筑废弃物的循环利用可分为三个阶段，即建筑废弃物的产生阶段、处理阶段和回收阶段。政策需规定设计单位、建设单位、施工单位、建筑废弃物回收企业和再生建材生产企业要履行的义务，明确各参与方的责任。在建筑废弃物的产生阶段，责任方主要是设计单位与建设单位。其中，设计单位要考虑如何减少建筑废弃物的产生、如何利用再生材料以及如何延长建筑物的使用寿命。建设单位要设定建筑废弃物循环利用目标，并监督施工单位履行目标，同时接受有关部门的监督审查。在建筑废弃物的处理阶段，责任方主要是施工单位和建筑废弃物处理企业。其中，施工单位需要就如何减少建筑废弃物排放量以及如何对建筑废弃物进行循环利用进行说明，编写工作计划书；对施工现场产生的建筑废弃物进行分类；考虑如何改进施工工艺，减少建筑废弃物的产生。建筑废弃物处理企业需将建筑废弃物进行分类，将可利用的建筑废弃物进行加工，成为再生骨料；将有毒有害的建筑废弃物作为危险品交给专门处理危险品的企业进行处理。在建筑废弃物的回收阶段，责任方主要是再生建材生产企业。他们需要以建筑废弃物处理企业生产的再生骨料为原材料生产再生建材，改进加工工艺，提高再生建材的质量与性能。

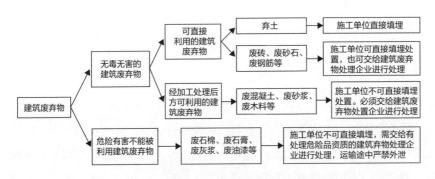

图 1-1　建筑废弃物的分类

制定建筑废弃物循环利用激励政策，政府在征收环境税、采用经济处罚与行政处罚的同时，应制定激励政策，调动企业的积极性，鼓励消费者购买再生建材。政府可制订税收优惠和信贷优惠政策鼓励企业进行建筑废弃物循环利用活动；设立长期而稳定的专项基金，作为企业科研经费，鼓励企业进行建筑废弃物循环回收方面的研究；对购买再生建材的消费者进行现金补贴等。

1.3
建筑垃圾减量化相关概念

目前对建筑垃圾的治理办法主要有三种方式，分别是建筑垃圾减量化、建筑垃圾资源化、建筑垃圾无害化等。建筑垃圾减量化与建筑垃圾资源化和无害化的区别是从源头控制垃圾的产生量。在国外的建筑垃圾管理中，减量化排在第一位，属于源头控制。

1.3.1 建筑减量化概念

建筑垃圾减量化的概念源于循环经济理论 3R 原则中的减量化（Reduce）原则，广义上的建筑垃圾减量化指一切有利于减少建筑垃圾数量的活动，不仅包括在产生阶段从源头减少建筑垃圾的产生量和排放量，也包括在处理过程中和排放过程中对建筑垃圾进行循环利用、减少建筑垃圾中的有害成分等，即对建筑垃圾的源头产生过程、中间处理过程、末端排放过程等加以管理和控制，实现全面而广泛的建筑垃圾减量化。狭义的建筑垃圾减量化是与建筑垃圾重复使用（Reuse）、建筑垃圾循环再利用（Recycle）相并列的概念，指从建筑垃圾产生阶段减少建筑垃圾的数量，对施工现场进行减量化管理，对施工过程中产生的建筑垃圾进行直接利用。

减量化有别于传统意义上的资源化，建筑垃圾资源化是指将建筑垃圾直接作为原料进行利用或者对其进行再生利用，采取一定的技术管理方法从已有的建筑垃圾中回收可以利用的资源，对建筑垃圾进行回收、转换、能量转换等，属于末端控制。但建筑垃圾的减量化和资源化之间也存在着联系：它们的目的都在于减少建筑垃圾的最终排放量，建筑垃圾资源化也是减量化的一种方式，减量化也贯穿资源化始终[23]。

建筑垃圾减量化是资源化的最高层次，减量化不仅可以减少了进入垃圾处理处置系统的垃圾量还可以减少垃圾处理过程是对环境的污染。一些学者认为从建筑垃圾生产的全程看，减量化一方面可以理解为源削减，另一方面可以理解为建筑垃圾回收和利用。源削减是指建材生产者在设计、制造和销售建材产品时，及建造商在购买、运输、使用建材时，在建筑垃圾产生的源头避免或削减垃圾的产生量。具体操作包括增强建材生产者的责任意识，尝试和推行行业内有利于建筑垃圾资源化管理的典型措施和法律法规。建筑垃圾的回收和利用是指在建材使用后，建筑物拆除产生的垃圾一部分经过回收与再利用，达到减少垃圾排放量的目的。具体操作包括针对废弃混凝土、砖石、木材、玻璃等进行试验，研发新型材料。例如以废弃混凝土、废弃砖瓦制备免烧免蒸砖，以废弃混凝土制备透水砖等。

　　本书研究的重点是政府的环境政策对建筑施工企业的减量化行为的影响，因此本书的建筑垃圾减量化是指在施工过程中采用绿色施工新技术、精细化施工和标准化施工等措施，减少建筑垃圾排放，主要包含三部分：建筑垃圾产生阶段减少建筑垃圾的数量，对施工现场进行减量化管理以及施工过程中产生的建筑垃圾进行直接利用。图1-2显示了建筑垃圾减量化和资源化的区别和联系。

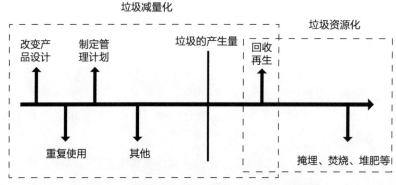

图1-2　建筑垃圾减量化与资源化的区别和联系

2

建筑垃圾减量化的
相关理论

2.1
马克思主义理论对废弃物减量化的理解

马克思主义的辩证唯物论把自然置于人赖以生存和发展的前提和基础的地位，指出可持续发展的客观物质基础是良好的生态环境和足够的自然资源[24]。可持续发展必须做到"保护生态环境"、"进行生态修复"、"污染防治"、"发展清洁能源和可再生能源"、"建设资源节约型、环境友好型社会"[25]，否则，生态恶化和环境污染，人类就不能够也无法在地球上生存，当然谈不上"可持续发展"。许多学者在马克思主义科学方法论的支撑下，从循环和节约经济思想的视角对可持续发展的核心理念作了大量阐述。

马克思主义经典作家通过对不同的节约方式的阐述，归纳了"减量化"、"再利用"、"再循环"（3Rs）原则和可行性条件。关于循环经济中所要求的在生产的输入端贯彻的"减量化"（Reduce）原则，马克思指出："把生产排泄物减少到最低限度和把一切进入生产中去的原料和辅助材料的直接利用提到最高限度"[26]。恩格斯认为从源头能减少多少资源的使用和废弃物的排放，不仅"取决于所使用的机器和工具的质量"，而且"还取决于原料本身的质量"[26]。实现减量化的目标最有效的途径就是从提高工艺技术、改进生产流程、革新产品设计和开发新型材料等方面提高资源的利用率。同时马克思还以化学工业为例子说明科技进步对生产和消费废弃物"再利用"（Reuse）有积极的意义。"化学工业提供了废物利用的最显著的例子。它不仅找到新的方法来利用本工业的废料，而且还利用其他各种各样工业的废料，例如，把以前几乎毫无用处的煤焦油转化为苯胺染料，茜红染料（茜素），近来甚至把它转化为药品[26]。"同时，马克思还严格区分了因废弃物"再利用"和"再循环"而实现的节约与提高资源利用率而进行"减量化"节约的不同。"应该把这种通过生产排泄物的再利用而造成的节约和由于废料的减少而造成的节约区别开来"[27]。这就要求在工艺技术、生产流程、产品设计和原料采用等方面采用先进的技术。科技的进步不仅发现了废弃物的有用性质，而且通过科技的进步带来机器的应用和改良，提高了资源的利用率，"由于机器的改良，废料减少了"[28]。而且，"机器的改良，使那些在原有形式上本来不能利用的物质，获得一种在新的生产中可以利用的形态"[26]。马克思主义从技术角度提出了实现从"资源—产品—废物"的不可持续的传统经济发展方式向"资源—产品—再生资源"的可持续的循环经济发展方式转变[24]。

2.2
循环经济理论对废弃物的理解

　　最早有关循环经济理论的论述见于美国经济学家鲍尔丁在《未来的宇宙飞船地球经济》一文中提出的"宇宙飞船理论"。他认为，地球就像在太空中飞行的宇宙飞船，要靠不断消耗和再生自身有限的资源而生存，如果不合理开发资源，破坏环境，就会走向毁灭。

　　传统经济学揭示了市场经济运行的基本规律。然而，传统经济学是建立在线形经济模式基础上的，就是说，从物质流动方向看，是"资源""产品""消费""污染排放"的单向流动。现在，这种经济发展模式遇到了前所未有的挑战：资源耗竭、环境污染、生态恶化等。传统经济学作为理论基础的环境政策，通常体现在末端治理上。末端治理主要是在生产链条的终点或是在废弃物排放到自然界之前，对污染物进行处理，以降低污染物对自然和人类的损害。它主要包括对城市污水和工业废水的处理，对城市生活垃圾和工业废弃物的处理以及危险废弃物的处理等。末端治理方式下环境政策的局限性是显而易见的。"谁污染，谁治理"实际上默认了"先污染，后治理"。一方面是大量污染和资源被破坏，另一方面却又要花费巨额资金来修复环境。人们追随污染实行被动治理，"头疼医头，脚疼医脚"。末端治理最大的缺陷就在于，有排放标准却无总量控制，从而忽视了环境容量，也不涉及污染物排放后污染指标的变化反弹。传统经济运行模式如图 2-1 所示。

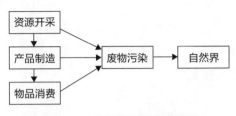

图 2-1　传统经济运行模式图

循环经济是以"减量、再用、循环"为社会经济活动的行为准则，运用生态学规律把经济活动组织成一个"资源—产品—消费—再生资源"的反馈式流程，所有物质和能源在这个不断进行的经济循环中得到合理和持久的利用，以使经济活动对自然生态环境的影响降低到尽可能小的程度的一种生态经济和与环境和谐的经济发展模式。减量化属于输入端方法，旨在减少进入生产和消费过程中的物质和能源流量；再利用属于过程性方法，目的是延长产品和服务的时间强度；再循环属于输出端方法，要求物品完成使用功能后重新变成再生资源。在循环经济下，通过管段预防代替末端治理，就是在生产的各个环节（输入端、生产过程中、输出端）全方位地节约资源和保护环境，政策制定强调源头预防和全过程污染控制[29]。循环经济运行模式如图 2-2 所示。

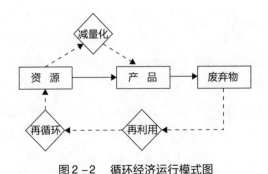

图 2-2　循环经济运行模式图

表 2-1 列出了传统经济模式循环和循环经济的区别。

传统经济模式循环和循环经济的区别　　　　　　　表 2－1

比较项目	传统经济	循环经济
运动方式	物质单向流动的开放式线性经济	封闭型物质能量循环的网状经济
对资源的利用情况	粗放型经营；一次性利用；高开采；低利用	资源循环利用；科学经营管理；低开采；高利用
废物排放及对环境的影响	废物高排放；成本外部化；对环境不友好	废物零排放或低排放；对环境友好
追求目标	经济利益产品利润最大化	经济利益；环境利益与社会持续发展利益
经济增长方式	数量型增长	内涵型发展
环境治理方式	末端治理	预防为主；全过程控制
评价指标	单一经济指标	绿色核算体系
支持理论	政治经济学；福利经济学等传统经济学理论	生态系统理论；工业生态学理论

2.3
建筑垃圾减量化的环境政策工具

2.3.1　环境政策与环境政策工具

环境政策是指政府在充分考虑经济、环境、资源等因素下，对经济利益、环境利益和资源利用等方面进行选择与分配，以减轻人类经济活动对环境带来的外部性，促进人与环境和谐发展。关于环境政策的范围，有广义和狭义之分。广义上认为环境政策是一切可以对环境进行保护的行为和措施，包括为保护环境制定的法律法规；而狭义上认为环境政策和为保护环境而制定的法律法规是两个独立的概念，指的不包含法律法规的行为活动。本书主要针对企业减量化行为进行分析，由于影响企业减量化行为的因素包括法律法规，因此本书的环境政策是指广义上的环境政策，其表现形式为法律法规、制度规定等。

环境政策工具是实现环境政策的手段，是落实环境政策的具体方法，是政府为解决环境问题或为实现某一政策目标，引导公众进行期望活动的具体手段和路径。可以看出，环境政策是目标，而环境政策工具是实现目标的方法，它规定了参与方的活动模式，其本质是对各类制度进行组合与安排。因此，在实现建筑垃圾减量化的过程中，建筑垃圾减量化是环境政策，引导建筑施工企业进行建筑垃圾减量化活动的具体手段是环境政策工具。本书主要对影响建筑施工企业减量化的环境政策工具进行研究。

2.3.2　环境政策工具分类

环境政策工具是指政府为解决环境问题或为实现某一政策目标，引导公众进行期望活动的具体手段和路径。对环境政策工具进行分类，可以明确不同环境政策工具的使用范围，了解不同环境政策工具对建筑垃圾减量化约束效果的差异，为制定有效的环境政策提供理论依据。

学者们对环境政策工具的分类方法主要分为二分法[30]、三分法[31]和四分法[32]。其中，三分法是最常用的分类方式，将环境政策工具按政府、市场、公众这三类参与主体进行划分[26]。虽然不同学者对三种政策工具的名称尚未统一，但三分法已成为环境政策工具的主流分类方式。因此，本书采用三分法，将环境政策工具分为命令控制型环境政策工具、经济激励型环境政策工具、自愿型环境政策工具[33]。环境政策工具经历了三个阶段的变化：从政府主导，到市场介入，再到公众参与。随着环境政策工具的不断演化、参与对象的不断增加，对各类环境政策工具的选择和应用也更加完善。因此，本书对各类环境政策工具的作用机理进行分析，为研究环境政策工具对建筑垃圾减量化的影响提供理论基础和理论依据。

（1）政府主导的命令控制型环境政策工具

命令控制型环境政策工具是指政府制定法律法规或按照行业排放标准，对污染企业的行为进行约束、从而改进环境质量的方式[34]。命令控制型环境政策工具最主要的执行方式就是直接管制，即通过禁止、限制等形式解决各类环境问题。在建筑垃圾治理问题中，直接管制的方式主要包括：环境污染评价制度、污染物排放标准制度、排污许可证制度、总量控制制度、限期治理制度等。政府直接制定建筑垃圾排放上限等标准和规定，能够实现对污染者的直接管理与控制，针对性强，命令具有强制性，能够直接实现建筑垃圾减量化这一目标。命令控制型环境政策工具作为第一代政策工具，也一度成为政府解决建筑垃圾问题的首选，而且效果显著。西方国家都通过制定各类环保法，规定建筑垃圾的排放、运输等问题，有效地控制了建筑垃圾的产生，实现了建筑垃圾的减量化[35]。

可以看出，命令控制型环境政策工具通过政府干预来消除企业经济活动为环境带来了外部性，因而带有政府管制的特点。该类工具下，典型的政策实例就是"十二五"污染物排放总量控制规划。然而，尽管减排任务超额完成，但环境仍然存在一些问题。因此，不局限于建筑垃圾减量化活动，考虑命令控制型环境政策工具在污染物减排和治理活动中存在的问题，分析该类政策工具的局限性。从政府的角度出发，主要原因有以下三点：一是政府在制定法律法规和行业标准时，需要掌握大量的企业方面的信息，这些信息很难获取，就导致政府的管制成本很高。二是由于个别地方政府效率低下，且缺少对企业行为的激励，命令控制型环境政策工具反而会削弱企业进行减量化活动的积极性；三是采用命令控制型环境政策工具是政府对企业经济行为的干预，这会导致市场资源配置无法实现最优化[36]。以我国为例，我国目前的环保法中对建筑垃圾这一问题做出了明确的规定，短期内建筑垃圾产量的确得到了控制，但效果不佳，目前建筑垃圾超排乱排这一问题依旧存在。

因此，命令控制型环境政策工具作为第一代环境政策工具，在一段时间内有效地控制了建筑垃圾排放的问题，但从长远角度来看，这类工具效率较低、成本较高、需要政府掌握的信息较多、很难调动企业进行减量化的积极性，单凭这一工具并不能实现建筑垃圾减量化这一目标。

（2）市场介入的经济激励型环境政策工具

命令控制型环境政策工具由于政府管制成本高、难以调动企业减量化的积极性、政府对经济的干预等弊端而广受质疑。为此，学者开始将目光投向市场，开始考虑通过经济激励政策来实现建筑垃圾减量化这一目标。这就产生了第二代政策工具：经济激励型环境政策工具，即政府通过引入市场机制，通过制定经济政策来促进市场、环境、社会、资源等方面协调发展[37]。尽管经济激励型环境政策工具不直接通过法律法规对企业的行为进行规范和约束，但经济政策的制定需要以法律法规为基础，政策的推广和执行也需要以法律法规为依据。

经济激励型环境政策工具应用的理论基础主要有两个：庇古理论和科斯定理[38]。本书主要对庇古理论下的各类制度进行研究分析。庇古理论来源于庇古税这一概念，庇古税由经济学家庇古提出，根据污染所造成的危害程度对污染者征税，用税收来增加污染者的私人成本，同时减少社会成本，最终使两者相等，这是政府控制环境污染的一种方法，同时也是利用市场机制的一种方法[31]。庇古税通过经济手段使企业承担经济活动带来的外部性，使污染方为自身行为付出代价。因此企业会自行寻找减少建筑垃圾排放量的方法，例如提高企业管理水平和技术水平等，以减少需要缴纳的排污税，这对企业有一种激励的作用。庇古理论在解决建筑垃圾排放量问题中也得到了广泛的应用。各国对排放建筑垃圾的企业征收排污税，对采用减量化施工工艺和管理模式的企业给予减排补贴。因此基于庇古理论下环境政策工具的具体政策制度可大致分为两类：排污费制度和补贴制度。

排污费制度是庇古理论在环境政策中的运用。以排污费制度为主的环境政策工具是指政府以污染者付费为原则，对于污染环境、破坏生态和使用或消费资源等影响环境行为采取的，以提高经济效益、改进环境状况的一系列税费形态的政策工具的总称[39]。对建筑垃圾征收排污费也是坚持污染者付费这一原则，对排放建筑垃圾的企业征收税费，提高企业的经营成本，同时减少政府的管制成本。然而目前我国对建筑垃圾问题的处理还处于政府主导的阶段，即政府对未按规定、非法排污的企业收取罚款，但没有关于建筑垃圾排污税的规定。因此，本书将对建筑垃圾排污费的计取方式、建筑垃圾排污费对建筑垃圾减量化管理活动的影响这两方面进行讨论。

补贴制度也是庇古理论在环境政策中的运用。政府为实现保护环境、节约资源的目的，对进行建筑垃圾减量化的企业给予财政补贴（拨款、贷款、税金减免等），鼓励企业减少污染[40]。可以看出，补贴制度和排污费制度的作用相同，都是使企业私人收益和私人成本、社会收益和社会成本相等，从而实现减少污染物排放的目的，并激励企业采取治污措施。目前，补贴制度已在许多国家得到广泛应用。例如，意大利对进行固体废弃物回收和再利用的企业进行补贴，补贴优先给予那些为减少污染而优化施工工艺或生产程序的企业；德国的补贴优先给予为控制污染导致资金周转困难的中小企业，鼓励这些企业引进新型技术和设备、优化生产工艺、改变发展模式、进行管理层面和技术层面的优化创新。然而我国目前对企业的管理方式是以惩罚为主，对采取建筑垃圾减量化的企业进行补贴的政策较少，这削弱了企业进行减排活动的积极性。因此本书将对补贴的计取方式、补贴对建筑垃圾减量化管理活动的影响这两方面进行讨论。

（3）公众参与的自愿型环境政策工具

在实践过程中，命令控制型环境政策工具管制成本高、效率低从而限制了政府的监管，经济激励型环境政策工具受市场交易状况影响，可能会导致市场机制难以发挥调节作用。由此看出。这两类环境政策工具都可能出现失灵的现象，政府直接干预或对市场进行干预却不能使资源配置达到最优状态。因此，学者们将视角转向公众，期望公众参与到减排治污的活动中，对命令控制型环境政策工具和经济激励型环境政策工具进行完善，这就产生了第三代政策工具：自愿型环境政策工具。

随着公众的环保意识逐渐提高，公众对政府治理环境问题越来越配合。为有效解决环境问题，人们考虑利用社会调节机制完善环境政策工具，如此便形成了自愿型环境政策工具[41]。自愿型环境政策工具是指政府通过宣传教育、舆论引导、公开批评等劝告与影响的形式，将保护环境的观念渗透到公众的价值观中，从而促使公众自愿作出符合政府要求的环保行为的一种手段。公众有权利通过投诉、听证、抵制等形式参与到政府对企业的监督与管理当中，使政府和企业的决策更加透明化。

自愿型环境政策工具同样适用于解决建筑垃圾减量化问题，政府可以将建筑垃圾减量化这一概念植入公众和建筑施工企业的价值观中，使之融入公众的价值观中，使之成为企业文化的一部分，这样建筑垃圾减量化也会成为公众和企业自主期望实现的目标，对政府而言，不仅可以节省管制成本，而且政策长期有效、不易失灵。然而这种政策工具需要公众有着极高的建筑垃圾减量化意识，将这种意识培养成为价值观或企业文化是短期内难以实现的；公众缺乏参与意识，参与也需要政府进行推动，参与范围由政府确定，独立性不强，社会自愿型环境政策工具就很容易退化为政府管制。

本书主要研究各类环境政策对建筑类企业的推动作用，自愿型环境政策工具主要依靠公众的环保意识和参与意识，很难对意识的形成和意识对行为的影响进行量化分析，因而本书对自愿型环境政策工具对建筑垃圾减量化的影响不作讨论。各类环境政策工具的比较分析结果见表2-2。

环境政策工具的分类比较　　　　　　　　　　表2-2

	命令控制型环境政策工具	经济激励型环境政策工具	自愿型环境政策工具
演变历程	第一代政策工具	第二代政策工具	第三代政策工具
特点	政府主导	市场介入	公众参与
具体手段	环境污染评价制度、污染物排放标准制度、排污许可证制度、总量控制制度、限期治理制度等	排污费制度、补贴制度等	宣传教育、舆论引导、公开批评等
优点	对污染者直接管理、控制针对性强；命令具有强制性；能够直接实现减量化目标	通过经济手段使企业承担经济活动带来的外部性；对企业有激励的作用	节省管制成本；政策长期有效、不易失灵
缺陷	管制成本很高；政府效率低，政策缺乏激励性；政府干预导致市场资源配置无法实现最优化	实施效果受市场状况影响，可能会导致市场机制难以发挥调节作用	依赖于公众较强的环保意识；独立性不强，很容易退化为政府管制；短期内难以实现

2.4
建筑垃圾减量化影响因素

2.4.1　企业的减量化意识

谭晓宁指出，施工人员的态度和环保意识是影响建筑垃圾减量化活动的主要因素，并指出政府可通过直接管理和经济政策来引导企业进行建筑垃圾减量化活动[42]。

　　李景茹指出，建筑垃圾减量化的关键在于施工人员的技术水平和施工企业的减量化意识，因此，政府需要明确施工企业的减量化目标、建立明确的排放标准和奖惩制度，使企业对施工人员进行技术培训，调动施工企业进行建筑垃圾减量化活动的积极性[43]。

　　陈露坤对建筑垃圾减量化过程中人员的行为意识进行分析，发现对施工人员在建筑垃圾减量化方面的培训近乎为零，施工企业缺乏对建筑垃圾减量化知识方面的教育，主要是因为企业不能从建筑垃圾减量化活动中获得收益。他指出，政府应对作出突出贡献的企业给予优惠政策，政府应对减量化项目进行扶持[44]。

　　总结这三位学者的研究结果，发现企业缺乏减量化意识的直接体现就是施工人员的技术水平达不到建筑垃圾减量化的要求，而企业缺乏建筑垃圾减量化意识是因为企业无法从建筑垃圾减量化活动中获得收益。Osman Nur Najihah 也指出，许多发展中国家的建筑施工企业之所以缺乏建筑垃圾减量化意识，是因为他们没有察觉到对建筑垃圾进行管理可以增加企业和项目的价值[45]。

　　因此，政府需要明确进行建筑垃圾减量化活动能够为企业带来的收益，才能够提高建筑施工企业的减量化意识，继而使企业进行建筑垃圾减量化活动。针对提高企业减量化意识的问题，我国学者们都提出了相似的解决方案，即政府根据法律法规对企业排放行为进行检查、制定明确的奖惩制度来鼓励企业进行减量化活动，使进行建筑垃圾减量化活动的企业能够获得收益。

2.4.2　建筑垃圾减量化的法律法规

　　法律法规是政府进行建筑垃圾减量化管理活动的依据，因此国内外学者都研究了法律法规对企业建筑垃圾减量化行为的影响。Ogboo Chikere Aja 对马来西亚地区的固体废弃物处理问题进行研究，发现亚洲地区普遍缺少对固体废弃物处理方面的法律法规，导致政府和企业之间的责任界定不清，继而使得固体废弃物处理技术没能得到广泛的应用。他提出，政府需要加强固体废弃物处理方面的立法，并对参与方的行为进行检查，明确处理过程中政府和各参与方的责任[46]。Uyen Nguyen Ngoc 对东盟国家的固体废弃物减量化管理活动进行了研究，认为东盟国家应该加强固体废弃物减量化方面的法律建设，利用政府的强制力来推动减量化管理活动的开展[47]。Arif 通过对印度的两个建筑垃圾减量化管理案例进行研究，发现政府的法律强制执行力是影响建筑垃圾减量化效果的重要因素之一，但是政府部门需要采取更有效的实施程序，明确企业进行建筑垃圾减量化活动的目标以及不进行建筑垃圾减量化活动需要承担的后果[48]。谭晓宁认为，与国外的法律法规相比，我国现有的法律法规在宏观层面上对建筑垃圾减量化作出指导，明确了建筑垃圾减量化的意义，提出了建筑垃圾减量化的要求，但法律法规过于笼统，实践意义和操作意义不大[49]。李景茹通过问卷调查的方式，发现七成以上的施工人员认为建筑垃圾减量化难以实现是因为现有的法律法规不够详细，且缺少量化指标，实施难度较大，导致政府执法效率偏低[50]。刘浪认为，我国建筑垃圾减量化管理方面的法律法规没有针对性，缺少建筑垃圾回收率和建筑垃圾污染控制标准等实质性内容，导致企业无法得到需要量化的指标，从而使企业进行建筑垃圾减量化活动时没有标准，因此政府需要加快制定这方面的法律法规[51]。

因此，法律法规不够完善，使得企业在进行建筑垃圾减量化活动时没有参考的依据和标准，如此便阻碍了建筑垃圾减量化活动的开展。

2.4.3 建筑垃圾减量化的经济政策

政府可以通过建立奖惩制度，通过经济手段约束企业的排放行为，对未进行建筑垃圾减量化活动的企业进行经济处罚，对进行建筑垃圾减量化活动的企业给予经济补贴，引导企业进行建筑垃圾减量化活动。

国外学者将经济政策对建筑垃圾减量化活动的影响与法律法规的影响进行比较，肯定了经济政策能够推动建筑垃圾减量化活动的开展。M. Osmani 对英国的建筑垃圾数量进行统计，发现该国政府于 2008 年制定的《施工现场建筑垃圾管理计划条例》并未能使建筑垃圾的排放量出现明显减少，并指出英国需要结合经济激励措施，才能实现对建筑垃圾的减量化管理[52]。Cooper 认为政府向企业征收原料税、对企业给予经济激励的影响与法律制度对企业的影响相同，同样可以使建筑企业从源头减少建筑垃圾排放量，认可了经济手段对建筑垃圾减量化活动的作用[53]。Duran 分析了政府环境税及补贴对建筑垃圾减量化过程中各单位的影响,他认为以市场为基础的经济手段是实现建筑垃圾减量化的最优方式[54]。由此可以看出,学者认为经济手段能够推动建筑垃圾减量化活动的进行。

国内外学者针对排污费和补贴对建筑垃圾减量化活动的影响进行了研究和分析。C. S. Poon 指出,许多国家根据"污染者付费"这一原则,对需要收集或处理的建筑垃圾向排污方收取处置费、填埋费等形式的排污,对建筑垃圾排放量进行了控制,实现了建筑垃圾减量化管理[55]。Ranil K. A. Kularatne 对斯里兰卡瓦武尼亚市的固体垃圾管理情况进行案例分析,发现企业进行减量化活动需要较大的成本,而前期资金投入不足导致许多企业已经停止了减量化活动[56]。他认为,政府需要向进行减量化活动的企业给予经济资助或奖励,鼓励企业继续进行减量化活动。Nuria Calvo 认为,建筑垃圾减量化涉及技术创新和巨大的资金投入,因此建筑企业没有主动进行减量化的动机,政府需要以法律为基础,利用经济激励或税收处罚这两类以市场为导向的环境政策工具促进企业进行建筑垃圾减量化活动,而政府管理部门需要根据实际情况选择合适的政策工具[57]。张小娟总结了国外建筑垃圾减量化成功经验,对排污费、减排补贴(包括税收优惠、信贷优惠、专项补贴等)和填埋费这三类政策工具进行介绍与分析,并指出具体的实施办法和应注意的问题[58]。陈天杰认为,目前的经济政策缺乏操作性,并提出政府应对减量化效果突出的企业进行减排奖励,包括免征排污费、给予补贴等[59]。王红娜认为,政府制定经济政策时需要考虑对企业减量化行为的激励,也需要考虑对不利于减量化的因素进行制约,即政府在对减量化企业进行经济奖励时,也需要提高的建筑垃圾收费率,迫使企业主动寻求减少建筑垃圾排放量的方法[60]。

国内外学者都对建筑垃圾减量化方面的经济政策进行了研究,认为通过制定合理的经济政策可以使企业进行建筑垃圾减量化活动,并提出对建筑垃圾收取排污费、对进行建筑垃圾减量化活动的企业给予补贴等具体方式。但是这些政策制度具体是如何影响建筑企业减量化行为的,其中哪些因素的变化会对企业的行为产生较大的影响,又会对政府的行为造成何种影响,这些方面的研究仍然是空白的,因此本书将对具体的政策制度下政府和建筑施工企业的建筑垃圾减量化行为进行研究。

2.5

建筑垃圾减量化研究方法

　　政府制定环境政策是为了减少污染物的排放，阻止环境进一步恶化。如果环境政策发挥作用，那么污染物的排放量就会有所减少，环境状况就会有所改善，减量化目的就会实现。然而现实却是环境状况依旧呈现出恶化的趋势，建筑垃圾的产量依旧有增无减，环境政策没有实现污染物减量化排放的目标。原因在于，即使政府制定了明确的政策目标，但缺少有效的政策工具，导致企业依旧不会进行减量化活动。因此，学者们研究政策工具的运作机理、研究不同类别的政策工具对企业减量化效果的影响，期望寻找到最有效的政策工具。因此，对研究方法进行总结，为本书研究建筑垃圾减量化管理问题提供研究方法。

2.5.1　问卷调查法

　　问卷调查法是指研究人员设计出调查问卷，发放给调查对象进行填写，最后对问卷的结果进行统计和整理，确定影响因素、事物关联程度的一种研究方法[61]。李景茹为研究《深圳市建筑废弃物减排与利用条例》（以下简称《条例》）的作用效果，分别在《条例》实施前（2009 年）和实施后（2013 年）针对深圳市施工人员展开问卷调查，通过比较两次问卷调查的数据，发现施工人员进行减量化活动的频率有所提高，并通过调查结果发现，减量化的频率提高的原因是《条例》的实行使得进行建筑垃圾减量化活动的工人有较大的减量化压力，从而论证了政府制定强制性减量化政策的有效性[62]。谭晓宁向建筑行业从业人员发放调查问卷，研究不同类型的人员对建筑垃圾减量化活动的认识情况，并找到影响建筑垃圾减量化的主要因素，总结出人们希望采取的建筑垃圾减量化措施[63]。陈露坤分别向施工人员和管理人员发放了调查问卷，研究建筑垃圾减量化过程中作业层和管理层的减量化意识，发现作业层人员的减量化意识较为模糊，而管理层人员的减量化意识较强，但由于工期、成本等原因到最后减量化措施未能实施[64]。

由此可以看出，利用问卷调查法研究环境政策工具对建筑垃圾减量化效果的影响时，调查结果易于被量化，便于统计和梳理。但是，该方法更多地被用于研究心理、意识等受外界环境影响较小的方面，或研究被调查者在条件变化前后的心理变化情况，研究方法适用于对主观意识的分析，而非客观行为的分析。而本书需要对减量化过程中政府和企业的行为进行研究，因此需要考虑采取其他方法来分析环境政策工具对建筑垃圾减量化效果的影响。

2.5.2　最优规化方法

最优规化方法是近几十年形成的，它主要运用数学方法研究各种系统的优化途径及方案，为决策者提供科学决策的依据，其目的在于针对所研究的系统，求得一个合理的方案，发挥和提高系统的效能及效益，最终达到系统的最优目标[65]。

许士春在研究不同类型的环境政策工具对碳减排的影响时，采用了最优规化方法，从企业的角度出发，以企业总成本最小为原则，构建了排污税制度下和排放权交易制度下企业的成本函数，确定了企业的最佳策略，阐述了排污税制度和排放权交易制度的作用机理[54]。高杨在研究市场型环境政策工具的运行机制时，考虑了成本效率，采用了最优规化方法建立了企业的成本函数，并确定了企业的最优碳排放行为[66]。

可以看出，最优规划方法可以真实地模拟出企业的排放行为，确定最优的决策方案，以总成本最小为原则，为企业进行污染物排放决策提供了方法和依据。而本书的研究目的是为政府寻找影响减量化政策效果的主要因素，对这些因素进行调整，使企业改变不减量化这一行为策略，采用最优规划方法，会使研究结果和研究目的背道而驰。

2.5.3　博弈的研究方法

在研究环境政策工具对企业的排放行为的影响过程中，许士春和高杨都采用了博弈的研究方法，以静态博弈理论为基础，对不同政策工具下政府管制行为和企业减量化行为进行了分析，为政府和企业进行决策提供了理论依据。博弈论适合于研究在某种环境下双方的决策结果，并根据决策结果提出使博弈参与方利益最大化的建议。然而在实际过程中，政府和企业可能因为某些原因作出不理智的决策，无法使利益达到最大化，并且使系统偏离了减量化的目标。因此，需要采用其他类型的博弈方法对政府和企业在减量化过程中的行为进行分析。其中，演化博弈论对现实问题的解释力更强，因此通过演化博弈论对政府和企业在不同政策制度下的行为进行分析和研究，考察影响政企合作的主要因素。

2.5.4 演化博弈论

建筑垃圾减量化问题根本上是政府和企业在一定条件下积极合作或消极不合作的博弈过程，如果政府与企业合作，那么建筑垃圾产量就可以得到控制，但如果政府或企业有一方不合作或者双方都消极不合作，那么建筑垃圾的问题就难以解决。而演化博弈研究的就是博弈双方依次决策从而达到平衡的过程，这一过程与政府和企业在建筑垃圾减量化问题中的决策相同。因此，本书从演化博弈的角度研究环境政策工具对建筑垃圾减量化活动的影响。下面对演化博弈论的相关概念进行介绍。

（1）演化博弈论的概念

演化博弈理论是以经典博弈理论为基础演变而来的。经典博弈理论中假设所有博弈方具有完全理性，但是在现实中，博弈环境的变化是复杂、未知、不稳定的，博弈方很可能为追求眼前利益而作出不理性的判断。而且在现实生活中，博弈方会对策略和行为进行学习，策略被不断地修改，好的策略会逐渐被博弈方学习模仿，坏的策略则会被博弈方淘汰，博弈各方会在不断学习中寻找出较优的策略。因此，演化博弈就是指在重复博弈中，博弈各方掌握的信息是不完全且有限的，各方根据其掌握的信息不断地调整决策，从而增加自身的利益，最终博弈各方达到动态平衡[67]。

（2）复制动态方程

复制动态方程是演化博弈论中的基本概念之一。演化博弈分析主要是通过建立复制动态方程并对方程求解而实现的。复制动态方程是博弈各方调整策略速度的方程，它是博弈各方的演化过程。

由于本书研究的是政府采用不同种类的环境政策工具对建筑企业减少建筑垃圾产量的影响，博弈方为政府与建筑企业，双方策略分别是合作或不合作，是 2×2 型博弈矩阵，因此对于其他类型博弈的复制动态微分方程构建方法不再赘述。假设在建筑垃圾减量化博弈矩阵中，政府这一博弈群体采用策略1的比例为 x，则采用策略2的比例为 $(1 - x)$，政府在进行决策时只能选择策略1或2中的一个，且必须选择一个，其中 $x = f(t)$，即政府在 t 时刻选择策略1的比例为 x。这两种策略下的期望收益分别为 E^1 和 E^2，则政府的平均期望收益为 $\overline{E} = xE^1 + (1 - x)E^2$。那么复制动态微分方程的表达形式为 $F(x) = \dfrac{\mathrm{d}x}{\mathrm{d}t} = x(E^1 - \overline{E})$。同理，设建筑施工企业这一博弈群体采用策略3的比例为 y，采用策略4的比例为 $(1 - y)$，可得到建筑施工企业的复制动态微分方程为 $F(y) = \dfrac{\mathrm{d}y}{\mathrm{d}t} = y(E^3 - \overline{E})$。

（3）演化稳定策略

演化稳定策略也是演化博弈中的一个基本概念。通过演化博弈获得的平衡状态中，任何一个博弈方不想单方面改变自身策略，那么这个平衡状态下的策略就是演化稳定策略[57]。最常用的演化稳定策略判定方法为常微分方程组判定法，以 2×2 型博弈矩阵为例，博弈群体甲、乙组成的复制动态微分方程组如下所示：

$$F(x) = \frac{\mathrm{d}x}{\mathrm{d}t} = x(E^1 - \overline{E}), F(y) = \frac{\mathrm{d}y}{\mathrm{d}t} = y(E^3 - \overline{E})$$

令 $F(x) = 0, F(y) = 0$，便可得到复制动态方程的均衡点 x^*。如果 x^* 满足 $\dfrac{\partial F(x)}{\partial x} < 0$，则 x^* 为演化稳定策略（ESS）。同理可求出均衡点 y^*。

通过雅克比矩阵判断均衡点的局部稳定性。雅克比矩阵的表达式如下：

$$J = \begin{bmatrix} \dfrac{\partial F(x)}{\partial x} & \dfrac{\partial F(x)}{\partial y} \\ \dfrac{\partial F(x)}{\partial x} & \dfrac{\partial F(y)}{\partial y} \end{bmatrix}$$

3

基于灰色理论的
建筑垃圾产生量的预测

3.1
建筑垃圾年产生量估算指标的确定

由于各统计资料没有关于建筑垃圾年产生量方面的数据，因此需要先对建筑垃圾年产量进行估算。目前，国内对建筑垃圾产生量的估算方法大致分为三种：建材损耗率估算法、城市人口产出比估算法和建筑面积估算法。有国内学者指出，前两种方法计算难度较大，且估算出的数据结果与实际结果存在较大差异，故采用建筑面积估算法对建筑垃圾产生量进行估算，即通过建筑面积与单位面积产生的建筑垃圾数量相乘得出建筑垃圾产生量。本书根据建筑垃圾产生阶段，将建筑垃圾分为建筑施工垃圾、建筑装饰装修垃圾与建筑拆除垃圾[68]。

3.1.1　建筑垃圾年产生量的计算

$$Q = Q_s + Q_z + Q_c$$

式中　Q——建筑垃圾年产生量（万 t）；

Q_s——建筑施工垃圾年产生量（万 t）；

Q_z——建筑装饰装修垃圾年产生量（万 t）；

Q_c——建筑拆除垃圾年产生量（万 t）。

3.1.2　建筑施工垃圾产生量的计算

建筑施工垃圾主要包括建筑主体施工过程中产生的垃圾和基础开挖产生的建筑垃圾，主要包括废混凝土、废砂浆、碎砖石、渣土及砂石等[69]。根据单位面积建筑施工垃圾年产生量和年建筑施工面积，即可计算建筑施工垃圾产生量。具体计算方法如下：

$$Q_s = S_s \times q_s$$

式中　Q_s——建筑施工垃圾年产生量（万 t）；

　　　S_s——年建筑施工面积（万 m^2）；

　　　q_s——单位面积建筑施工垃圾年产生量（t/m^2）。

3.1.3　建筑装饰装修垃圾产生量的计算

建筑装饰装修垃圾主要产生于公共建筑装饰装修过程和居住类建筑装饰装修过程。主要包括碎渣块、拆除的旧装修材料、剩余的金属、竹木等[69]。根据单位面积建筑装饰装修垃圾年产生量和年建筑装饰装修面积，即可计算建筑装饰装修垃圾产生量。在年建筑装饰装修面积未被统计的情况下，取房屋销售面积计算或商品房合同备案面积进行计算。具体计算方法如下：

$$Q_z = S_z \times q_z$$

式中　Q_z——建筑装饰装修垃圾年产生量（万 t）；

　　　S_z——年建筑装饰装修面积（万 m^2）；

　　　q_z——单位面积建筑装饰装修垃圾年产生量（t/m^2）。

3.1.4　建筑拆除垃圾产生量的计算

建筑拆除垃圾主要产生于旧房屋拆除过程和废构筑物拆除过程。建筑拆除垃圾的组分与建筑物结构有关。例如，砖混结构的建筑在拆除过程中产生的建筑垃圾主要包括混凝土块、砖块、瓦砾等；框架结构的建筑在拆除过程中产生的建筑垃圾主要为废混凝土、废砌块、废钢筋等[70]。根据单位面积建筑拆除垃圾年产生量和年建筑拆除面积，即可计算建筑拆除垃圾产生量。在年建筑拆除面积没有具体数据的情况下，根据有关资料显示，年建筑拆除面积按年建筑施工面积进行折算较为合理[69]。具体计算方法如下：

$$Q_c = S_c \times q_c$$

$$S_c = S_s \times i_{cs}$$

式中　Q_c——建筑装饰装修垃圾年产生量（万 t）；

　　　S_c——年建筑装饰装修面积（万 m^2）；

q_c——单位面积建筑装饰装修垃圾年产生量（t/m^2）；

S_s——年建筑施工面积（万 m^2）；

i_{cs}——拆除面积折算系数。

其中，S_s、S_z、S_c可查阅各省市年鉴与各省市国民经济和社会发展统计报告得出。q_s、q_z、q_c、i_{cs}的取值可根据相关资料得出。

3.2
建筑垃圾年产生量 GM（1，1）模型的构建与检验

3.2.1　建立 GM（1,1）模型

（1）原始数据处理

原始数据非负序列如下：

$$X^{(0)}(t) = \{x^{(0)}(1), x^{(0)}(2), \cdots, x^{(0)}(n)\}$$

其中，$x^{(0)}(k)$为第 k 年建筑垃圾年产生量的估算值，$k = 1, 2, \cdots, n$。$X^{(0)}(t)$为 t 年间建筑垃圾年产生量组成的数列。

为建立灰色预测模型，对原始数据进行一次累加得到新序列：

$$X^{(1)}(t) = \{x^{(1)}(1), x^{(1)}(2), \cdots, x^{(1)}(n)\}$$

其中，$x^{(1)}(t) = \sum_{i=1}^{k} x^{(0)}(k)$，$x^{(1)}(k)$为 k 年间建筑垃圾产生量估算值之和，$k = 1, 2, \cdots, n$。$X^{(1)}(t)$为 t 年间建筑垃圾累计产量组成的新数列。

（2）生成紧邻均值

$X^{(1)}$紧邻均值生成序列 $Z^{(1)}$如下：

$$Z^{(1)} = \{z^{(1)}(2), z^{(1)}(3), \cdots, z^{(1)}(n)\}$$

其中，$z^{(1)}(k) = 0.5x^{(1)}(k) + 0.5x^{(1)}(k-1)$，即相邻两年建筑垃圾产量估算

值的均值，$k = 2,3,\cdots,n$。$Z^{(1)}$ 是由相邻两年建筑垃圾产量估算值均值组成的新数列。

（3）GM（1,1）模型构建

GM(1,1)模型为：

$$x^{(0)}(k) + az^{(1)}(k) = b$$

若 $\hat{a} = (a,b)^T$ 为参数列，且：

$$y(n) = \begin{bmatrix} x^{(0)}(2) \\ x^{(0)}(3) \\ \cdots \\ x^{(0)}(n) \end{bmatrix}, B = \begin{bmatrix} -z^{(1)}(2) & 1 \\ -z^{(1)}(3) & 1 \\ \cdots & \cdots \\ -z^{(1)}(n) & 1 \end{bmatrix}$$

其中，$y(n)$ 为第 $2 \sim n$ 年建筑垃圾产生量估算值组成的列向量，B 为相邻两年建筑垃圾产量估算值均值组成的矩阵。

则 GM(1,1)模型的最小二乘估计参数满足：

$$\hat{a} = (B^TB)^{-1}B^Ty(n)$$

因此，GM(1,1)的白化方程为：

$$\frac{dx^{(1)}}{dt} + ax^{(1)} = b$$

解上式，得到 a、b，继而得到 GM(1,1)模型的时间影响式为：

$$\hat{x}^{(1)}(k+1) = \left(x^{(0)}(1) - \frac{b}{a}\right)e^{-ak} + \frac{b}{a}, k = 1,2,\cdots,n$$

其中，$x^{(0)}(1)$ 为第一年建筑垃圾产生量估算值，$\hat{x}^{(1)}(k+1)$ 为 $k+1$ 年间建筑垃圾产量预测值之和。

对上式进行累减，还原得到原始序列的灰色预测值：

$$\hat{x}^{(0)}(k+1) = \hat{x}^{(1)}(k+1) - \hat{x}^{(1)}(k) = (1 - e^a)\left(x^{(0)}(1) - \frac{b}{a}\right)e^{-ak},$$

$$k = 1,2,\cdots,n$$

其中，$\hat{x}^{(0)}(k+1)$ 为第 $k+1$ 年建筑垃圾产量预测值。

建筑垃圾年产生量的预测值数列为：

$$\hat{x}^{(0)} = (\hat{x}^{(0)}(1), \hat{x}^{(0)}(2), \cdots, \hat{x}^{(0)}(n))$$

3.2.2　GM(1,1)模型检验

GM(1,1)模型的检验方式有三种，依次为残差检验、关联度检验与后验差检验[71]。本书对 GM(1,1)模型采用后验差检验法。

（1）预测值残差计算

计算建筑垃圾年产生量预测值的残差：

$$E = (e(1), e(2), \cdots, e(n))$$

其中，$e(k)$ 为第 k 年建筑垃圾年产生量的估算值与预测值之差。

（2）原始序列方差计算

计算原始序列 $x^{(0)}$ 的方差，即：

$$S_1^2 = \frac{1}{n-1} \sum_{i=1}^{n} (x^{(0)}(k) - \bar{x})^2$$

其中，S_1^2 为建筑垃圾年估算产量的方差，$\bar{x}$ 为建筑垃圾年估算产量的平均值。

（3）残差序列方差计算计算残差序列 E 的方差，即：

$$S_2^2 = \frac{1}{n-1} \sum_{i=1}^{n} (e(k) - \bar{e})^2$$

其中，S_2^2 为建筑垃圾年产生量残差的方差，$\bar{e}$ 为建筑垃圾年产生量残差的平均值。

（4）均方差比计算

计算原始序列与残差序列的均方差比，即：

$$C = \frac{S_2}{S_1}$$

（5）小误差概率计算

计算小误差概率，即

$$P = p\{|e(k) - \bar{e}| < 0.6745 S_1\}$$

根据方差比 C 与小误差概率 P，确定模型精度等级。预测精度等级见表3-1。

<table>
<tr><td colspan="3" align="center">灰色模型预测精度等级</td></tr>
</table>

| | | 表 3 – 1 |

预测精度等级	均方差比 C	小误差概率 P
一级（优）	$[0,0.35)$	$(0.95,1]$
二级（合格）	$[0.35,0.5)$	$(0.8,0.95]$
三级（勉强）	$[0.5,0.65)$	$(0.7,0.8]$
四级（不合格）	$[0.65,+\infty)$	$[0,0.7]$

3.2.3 以 2005～2014 年沈阳市建筑垃圾年产生量为例进行验证

据相关资料介绍，对各类结构的建筑物进行粗略统计，在 1 万 m^2 的建筑施工过程中，大概有 $500\sim600t$ 的废弃钢筋和废弃砌块等建筑垃圾产生[72]。因此，在计算过程中取 1 万 m^2 的建筑物施工过程中会产生 $550t$ 建筑施工垃圾，即 $q_s = 0.055t/m^2$。单位面积装饰装修房屋产生的建筑垃圾按 $1m^2$ 产生 $0.1t$ 计算[73]，即 $q_z = 0.1t/m^2$。拆除 $1m^2$ 住宅大约产生 $1.0\sim1.5t$ 建筑垃圾，结合沈阳市建筑物结构特点，拆除 $1m^2$ 建筑物产生 $1.0t$ 建筑垃圾是较为贴近实际的[74]，即 $q_c = 1t/m^2$。根据有关资料显示，拆除建筑物的建筑面积约占当年新建建筑面积的 10% 左右[75]，因此 $i_{cs} = 10\%$。得到沈阳市建筑垃圾产生量计算公式如下：

$$Q = 0.055 \times S_s + 1 \times S_z + 0.1 \times S_c$$

由于工程项目施工过程中挖土方量难以统计，且土方比其他建筑垃圾的回收利用率高，因此并没有直接计算挖土方产生的建筑垃圾；市政工程的数据较难收集，因此也没有对市政工程产生的建筑垃圾进行计算。如果考虑上述两个方面，建筑垃圾的年产生量会更高。

根据计算公式，结合沈阳年鉴和沈阳市国民经济和社会发展统计公报中的相关数据，对沈阳市建筑垃圾年产生量进行计算，见表 3 – 2。

从表 3 – 2 中可以看出，建筑拆除垃圾产量 Q_c 占建筑垃圾产生量 Q 的比重较大。如何对建筑拆除垃圾进行合理分类回收，应引起从业人员的广泛关注。

沈阳市建筑垃圾产生量　　　　　　　　表 3 – 2

年份	$S_s/(万 m^2)$	$Q_s/(万 t)$	$S_z/(万 m^2)$	$Q_z/(万 t)$	$S_c/(万 m^2)$	$Q_c/(万 t)$	$Q/(万 t)$
2005	3102.0	170.61	761.30	76.13	310.20	310.20	556.94
2006	3456.0	190.08	1243.80	124.38	345.60	345.60	660.06
2007	5019.9	276.09	1462.00	146.20	501.99	501.99	924.28
2008	5848.5	321.67	1465.10	146.51	584.85	584.85	1053.03
2009	6847.9	376.63	1396.20	139.62	684.79	684.79	1201.04
2010	8858.7	487.23	1746.50	174.65	885.87	885.87	1547.75
2011	10289.9	565.94	2178.20	217.82	1028.99	1028.99	1812.75
2012	11002.6	605.14	2469.70	246.97	1100.26	1100.26	1952.37
2013	11568.3	636.26	2262.30	226.23	1156.83	1156.83	2019.32
2014	11495.8	632.27	1498.40	149.84	1149.58	1149.58	1931.69

3.3
建筑垃圾年产生量灰色 Verhulst 模型的构建与检验

灰色系统的概念由我国著名学者邓聚龙先生提出，该系统的主要研究对象信息是不确定的事件或事物[76]。灰色预测仅需要 4 个及 4 个以上的原始数据即可作出预测，且预测结果较为精确，计算量较小，因此笔者选用灰色系统中的灰色 Verhulst 模型对短时间内的建筑垃圾产量进行预测[77]。

3.3.1　建立灰色 Verhulst 模型

（1）原始数据处理

原始数据非负序列如下：

$$X^{(0)}(k) = \{x^{(0)}(1),x^{(0)}(2),\cdots,x^{(0)}(n)\}$$

其中，$x^{(0)}(k)$ 为第 k 年建筑垃圾年产生量的估算值，$k=1,2,\cdots,n$。$X^{(0)}(k)$ 为 k 年间建筑垃圾年产量组成的数列。

为建立灰色 Verhulst 预测模型，对原始数据进行一次累加得到新序列：

$$X^{(1)}(k) = \{x^{(1)}(1),x^{(1)}(2),\cdots,x^{(1)}(n)\}$$

其中，$x^{(1)}(t) = \sum_{i=1}^{k} x^{(0)}(k)$，$x^{(1)}(k)$ 为 k 年间建筑垃圾产量估算值之和，$k=1,2,\cdots,n$。$X^{(1)}(k)$ 为 k 年间建筑垃圾累计产量组成的新数列。

（2）生成紧邻均值

$X^{(1)}(k)$ 紧邻均值生成序列 $Z^{(1)}(k)$ 如下：

$$Z^{(1)}(k) = \{z^{(1)}(2),z^{(1)}(3),\cdots,z^{(1)}(n)\}$$

其中，$z^{(1)}(k) = 0.5x^{(1)}(k) + 0.5x^{(1)}(k-1)$，即相邻两年建筑垃圾产量估算值的均值，$k=2,3,\cdots,n$。$Z^{(1)}(k)$ 是由相邻两年建筑垃圾产量估算值均值组成的新数列。

（3）灰色 Verhulst 模型构建

灰色 Verhulst 模型如下：

$$x^{(0)}(k) + az^{(1)}(k) = b(z^{(1)}(k))^2$$

若 $\hat{a} = (a,b)^{\mathrm{T}}$ 为参数列，且：

$$y(n) = \begin{bmatrix} x^{(0)}(2) \\ x^{(0)}(3) \\ \cdots \\ x^{(0)}(n) \end{bmatrix}, B = \begin{bmatrix} -z^{(1)}(2) & (z^{(1)}(2))^2 \\ -z^{(1)}(2) & (z^{(1)}(2))^2 \\ \cdots & \cdots \\ -z^{(1)}(2) & (z^{(1)}(2))^2 \end{bmatrix}$$

其中，$y(n)$ 为第 $2\sim n$ 年建筑垃圾产生量估算值组成的列向量，B 为相邻两年建筑垃圾产量估算值均值组成的矩阵。

则灰色 Verhulst 模型的最小二乘估计参数满足：

$$\hat{a} = (B^{\mathrm{T}}B)^{-1}B^{\mathrm{T}}y(n)$$

因此，灰色 Verhulst 的白化方程为：

$$\frac{\mathrm{d}x^{(1)}}{\mathrm{d}t} + ax^{(1)} = b(x^{(1)})^2$$

解上式，得到 a、b，继而得到灰色 Verhulst 模型的时间影响式为：

$$\hat{x}^{(1)}(k+1) = \frac{ax^{(0)}(1)}{bx^{(0)}(1) + (a - bx^{(0)}(1))e^{ak}}, \ k = 1,2,\cdots,n$$

其中，$x^{(0)}(1)$ 为第 1 年建筑垃圾产量估算值，$\hat{x}^{(1)}(k+1)$ 为 $k+1$ 年间建筑垃圾产量预测值之和。

对上式进行累减，还原得到原始序列的灰色预测值 $\hat{x}^{(0)}(k+1)$，即第 $k+1$ 年建筑垃圾产量预测值。

建筑垃圾年产生量的预测值数列为：

$$\hat{x}^{(0)}(k) = \{\hat{x}^{(0)}(1), \hat{x}^{(0)}(2), \cdots \hat{x}^{(0)}(n)\}$$

3.3.2 灰色 Verhulst 模型检验

灰色 Verhulst 模型的检验方式有 3 种，依次为残差检验、关联度检验与后验差检验。笔者对灰色 Verhulst 模型采用后验差检验法。

（1）预测值残差计算

计算建筑垃圾年产量预测值的残差：

$$E(k) = \{e(1), e(2), \cdots, e(n)\}$$
$$e(k) = x^{(0)}(k) - \hat{x}^{(0)}(k), \ k = 1,2,\cdots,n$$

其中，$e(k)$ 为第 k 年建筑垃圾年产生量的估算值与预测值之差。$E(k)$ 为第 $1\sim n$ 年建筑垃圾产量的残差组成的残差数列。

（2）预测值相对残差计算

计算相对残差 Q，即：

$$Q(k) = \{q(1), q(2), \cdots, q(n)\}$$
$$q(k) = \frac{e^{(0)}(k)}{x^{(0)}(k)}, k = 1,2,\cdots,n$$

其中，$q(k)$ 为第 k 年建筑垃圾年产生量的相对残差，$Q(k)$ 为第 $1\sim n$ 年建筑垃圾产生量的相对残差组成的数列。

（3）原始序列方差计算

计算原始序列 $x^{(0)}(t)$ 的方差，即：

$$S_1^2 = \frac{1}{n-1} \sum_{i=1}^{n} \left(x^{(0)}(k) - \bar{x} \right)^2$$

$$\bar{x} = \frac{1}{n} \sum_{i=1}^{n} x^{(0)}(k), \quad k = 1, 2, \cdots, n$$

其中，S_1^2 为建筑垃圾年估算产量的方差，$\bar{x}$ 为建筑垃圾年估算产量的平均值。

（4）残差序列方差计算

计算残差序列 $E(k)$ 的方差，即：

$$S_2^2 = \frac{1}{n-1} \sum_{i=1}^{n} \left(e(k) - \bar{e} \right)^2$$

$$\bar{e} = \frac{1}{n} \sum_{i=1}^{n} e(k), \quad k = 1, 2, \cdots, n$$

其中，S_2^2 为建筑垃圾年产量残差的方差，$\bar{e}$ 为建筑垃圾年产量残差的平均值。

（5）均方差比计算

计算原始序列与残差序列的均方差比，即：

$$C = \frac{S_2}{S_1}$$

（6）小误差概率计算

计算小误差概率 P，即：

$$P = p\{ |e(k) - \bar{e}| < 0.6745 S_1 \}$$

根据方差比 C 与小误差概率 P，确定模型精度等级。预测精度等级见表 3-3。

灰色模型预测精度等级　　　　　表 3-3

预测精度等级	均方差比 C	小误差概率 P
一级（优）	$[0, 0.35)$	$(0.95, 1]$
二级（合格）	$[0.35, 0.5)$	$(0.8, 0.95]$
三级（勉强）	$[0.5, 0.65)$	$(0.7, 0.8]$
四级（不合格）	$[0.65, +\infty)$	$[0, 0.7]$

3.3.3 以 2005～2014 年沈阳市建筑垃圾年产生量为例进行验证

笔者根据建筑垃圾产生阶段，将建筑垃圾分为建筑施工垃圾、建筑装饰装修垃圾与建筑拆除垃圾[78]。计算公式如下，公式所含变量见表 3-4。

$$Q = Q_s + Q_z + Q_c$$
$$Q_s = S_s \times q_s$$
$$Q_z = S_z \times q_z$$
$$Q_c = S_c \times q_c$$
$$S_c = S_s \times i_{cs}$$

公式所含变量的名称及单位　　　　　　　　　　表 3-4

变量	变量名称	单位
Q	建筑垃圾年产生量	万 t
Q_s	建筑施工垃圾年产生量	万 t
Q_z	建筑装饰装修垃圾年产生量	万 t
Q_c	建筑拆除垃圾年产生量	万 t
S_s	年建筑施工面积	万 m²
q_s	单位面积建筑施工垃圾年产生量	t/m²
S_z	年建筑装饰装修面积	万 m²
q_z	单位面积建筑装饰装修垃圾年产生量	t/m²
S_c	年建筑拆除面积	万 m²
q_c	单位面积建筑拆除垃圾年产生量	t/m²
i_{cs}	拆除面积折算系数	—

其中，S_s、S_z、S_c 可查阅各省市年鉴与各省市国民经济和社会发展统计报告得出。在 S_c 没有具体数据的情况下，根据有关资料显示，S_c 按 S_s 乘以 i_{cs} 进行折算较为合理[79]。在 S_z 未被统计的情况下，取房屋销售面积计算或商品房合同备案面积进行计算。q_s、q_z、q_c 的取值可根据相关资料得出。

3.3.4 估算 2005～2014 年沈阳市建筑垃圾年产生量

据相关资料介绍，$1m^2$ 建筑施工垃圾产量约为 0.055t，即 $q_s = 0.05t/m^2$；$1m^2$ 建筑装饰装修垃圾产量约为 0.1t，即 $q_z = 0.1t/m^2$；$1m^2$ 建筑拆除垃圾产量约为 1.0t，即 $q_c = 1t/m^2$；拆除建筑物的建筑面积约占当年新建建筑面积的 10% 左右，因此 $i_{cs} = 10\%$ [80]。得到沈阳市建筑垃圾产生量计算公式如下：

$$Q_s = S_s \times 0.055$$

$$Q_z = S_z \times 0.1$$

$$Q_c = S_c \times 1$$

$$S_c = S_s \times 10\%$$

$$Q = Q_s + Q_z + Q_c = 0.155 \times S_s + 0.1 \times S_z$$

根据上述计算公式，结合沈阳年鉴和沈阳市国民经济和社会发展统计公报中的相关数据，对沈阳市建筑垃圾年产生量进行计算，见表 3-5。

沈阳市建筑垃圾产生量　　　　　　表 3-5

年份	S_s（万 m^2）	S_z（万 m^2）	S_c（万 m^2）	Q（万 t）	同比增长率
2005	3102.0	761.30	310.20	556.94	—
2006	3456.0	1243.80	345.60	660.06	18.52%
2007	5019.9	1462.00	501.99	924.28	40.03%
2008	5848.5	1465.10	584.85	1053.03	13.93%
2009	6847.9	1396.20	684.79	1201.04	14.06%
2010	8858.7	1746.50	885.87	1547.75	28.87%
2011	10289.9	2178.20	1028.99	1812.75	17.12%
2012	11002.6	2469.70	1100.26	1952.37	7.70%
2013	11568.3	2262.30	1156.83	2019.32	3.43%
2014	11495.8	1498.40	1149.58	1931.69	-4.34%

从表 3-5 中可以看出，沈阳市建筑垃圾年产生量已呈现逐年增加的趋势。2007 年和 2010 年的建筑垃圾年产生量迅速增长。其中，2007 年建筑垃圾年产量

的同比增长率为40.0%，2010年建筑垃圾年产量的同比增长率为28.9%。2007年政府出台了一系列的土地政策，使得企业对新增建筑项目进行规模化开发，企业开始进入中小城市进行房地产开发，这就导致建筑垃圾年产量骤然增加。2010年，政府对房地产市场进行宏观调控，大幅增加土地供给，建设保障性住房。扩大保障性住房建设规模使得住房房地产市场供给结构有所改善，同时也造成了建筑垃圾年产量迅速增加。

2012～2014年，建筑垃圾产生量的增长率呈现下降趋势。因为2012年以后，政府及相关部门的表态都发出严格限购的新号，抑制投机性住房需求，这三年的房地产市场较为稳定，政府下调保障性住房指标，房地产市场全面降温，建筑施工面积与建筑拆除面积缓慢上涨，加上建筑垃圾的回收利用处理技术日渐成熟、政府对建筑垃圾进行严格管理，使得建筑垃圾的年产量得到了控制，其中2014年建筑垃圾年产量的同比增长率出现负增长，为－4.34%。这与沈阳市房地产市场的发展历史相吻合，也说明计算结果与实际较为符合，为下一步预测建筑垃圾产生量提供了较为准确的原始数据。

3.4
基于GM（1，1）模型和Verhulst模型的沈阳市建筑垃圾产量预测

3.4.1 GM（1，1）模型结果

根据对沈阳市建筑垃圾年产生量估算得出的数据，通过MATLAB软件进行灰色预测。具体算法如下：

输入原始数据，即2005～2014年沈阳市建筑垃圾年产生量：

$$X^{(0)} = [556.94, 660.06, 924.28, 1053.03, 1201.04, 1547.75, 1812.75,$$
$$1952.37, 2019.32, 1931.69]$$

对原始数据进行 1 - AGO 生成，即一次累加，得到沈阳市建筑垃圾累计产量：

$$X^{(1)} = [556.94, 1217.00, 2141.28, 3194.31, 4395.35, 5943.10, 7755.85,$$
$$9708.22, 11727.54, 13659.23]$$

生成建筑垃圾产生量的紧邻均值 $Z^{(1)}$：

$$Z^{(1)} = [765.72, 1374.22, 2166.39, 3155.05, 4282.09, 5656.48,$$
$$7336.73, 9219.30, 11205.14]$$

计算矩阵 B 与列向量 $y(n)$：

得到
$$B = \begin{bmatrix} -866.97 & 1 \\ -1679.12 & 1 \\ -2677.84 & 1 \\ -3794.83 & 1 \\ -5169.20 & 1 \\ -6849.57 & 1 \\ -8732.78 & 1 \\ -10718.33 & 1 \\ -12692.98 & 1 \end{bmatrix}, \quad y(n) = \begin{bmatrix} 660.06 \\ 924.28 \\ 1053.03 \\ 1201.04 \\ 1547.75 \\ 1812.75 \\ 1952.37 \\ 2019.32 \\ 1931.69 \end{bmatrix}$$

计算未知参数 a, b，得到 $a = -0.11487$, $b = 776.90$，解得灰色预测模型为

$$\hat{x}^{(1)}(k+1) = 4238.84836 e^{0.11487k} - 3751.58836。$$

对微分方程进行离散化解，得到 2005 ~ 2014 年间建筑垃圾产量预测值之和：

$$\hat{x}^{(1)} = [556.94, 1448.12, 2447.60, 3568.81, 4826.51, 6237.28,$$
$$7819.89, 9595.10, 11586.12, 13820.10]$$

累减，得到 2005 ~ 2014 年建筑垃圾产量预测值：

$$\hat{x}^{(0)} = [556.94, 891.08, 999.55, 1121.20, 1257.71, 1410.80, 1582.62,$$
$$1775.21, 1991.30, 2233.71]$$

计算均方差比，得到 $S_1 = 557.42$, $S_2 = 153.38$, $C = 0.26392$。

计算小误差概率，得到 $p = 1$。

均方差比 $C = 0.26392$，小误差概率 $p = 1$，根据表 3 - 3 可知，预测精度等级为一级。将沈阳市 2005 ~ 2014 年建筑垃圾年产量实际值与观测值进行对比，发

现拟合度很高。因此该组数据可以用于对沈阳市 2015~2019 年的建筑垃圾年产量进行预测（表 3-6）。

建筑垃圾年产生量预测模型检验计算   表 3-6

年份	实际数据	预测数据	绝对残差	相对残差
2005	556.94	556.94	0	0.00%
2006	660.06	891.08	−231.02	−35.00%
2007	924.28	999.55	−75.27	−8.14%
2008	1053.03	1121.20	−68.17	−6.47%
2009	1201.04	1257.71	−56.67	−4.72%
2010	1547.75	1410.80	136.95	8.85%
2011	1812.75	1582.62	230.13	12.70%
2012	1952.37	1775.21	177.16	9.07%
2013	2019.32	1991.30	28.02	1.39%
2014	1931.69	2233.71	−302.02	−15.64%

改写算法，对 2015~2019 年沈阳市建筑垃圾年产生量进行预测。预测结果见表 3-7。

2015~2019 年沈阳市建筑垃圾年产生量预测值   表 3-7

预测值	年份				
	2015	**2016**	**2017**	**2018**	**2019**
Q（万 t）	2505.60	2810.59	3152.81	3536.58	3967.10

预测结果表示，沈阳市建筑垃圾年产生量呈现逐年增长的态势，且增长幅度逐渐变大，这与沈阳市的建设发展情况相符合。建筑垃圾年产生量的增加，使得政府与相关部门必须考虑如何处理建筑垃圾，也使得企业考虑如何在潜力巨大的建筑垃圾市场中获取利益。

3.4.2 Verhulst 模型结果

根据对沈阳市建筑垃圾年产生量估算得出的数据，通过 MATLAB 软件进行灰色预测。具体算法如下：

输入原始数据，即 2005～2014 年沈阳市建筑垃圾年产生量：

$$X^{(0)} = [556.94, 660.06, 924.28, 1053.03, 1201.04, 1547.75, 1812.75,$$
$$1952.37, 2019.32, 1931.69]$$

若原始数据本身呈 S 型的形态，且样本量较小，则可以不经一阶累加生成直接建立灰色 Verhulst 模型[81]。因此，生成建筑垃圾产生量的紧邻均值 $Z^{(1)}$，得到

$$Z^{(1)} = [608.50, 792.17, 988.66, 1127.04, 1374.40, 1680.25, 1882.56, 1985.85,$$
$$1975.46]$$

计算矩阵 B 与列向量 $y(n)$：

$$得到 B = \begin{bmatrix} -608.50 & 370272.25 \\ -792.17 & 627533.31 \\ -988.66 & 977438.71 \\ -1127.04 & 1270207.89 \\ -1374.40 & 1888961.62 \\ -1680.25 & 2823240.06 \\ -1882.56 & 3544032.15 \\ -1985.85 & 3943580.36 \\ -1975.46 & 3902442.21 \end{bmatrix}, \quad y(n) = \begin{bmatrix} 103.12 \\ 264.22 \\ 128.75 \\ 148.01 \\ 346.71 \\ 265.00 \\ 139.62 \\ 66.95 \\ -87.72 \end{bmatrix}$$

计算未知参数 a，b，得到 $a = -0.42010$，$b = -0.0001964$，解得灰色预测模型为 $\hat{x}^{(1)}(k+1) = \dfrac{233.9708}{0.1094 + 0.3107e^{-0.4201k}}$。

对微分方程进行离散化解，得到 2005～2014 年间建筑垃圾产量预测值之和：

$$\hat{x}^{(1)} = [556.94, 1303.21, 2264.06, 3448.72, 4847.41, 6434.49, 8175.62, 10035.37,$$
$$11982.24, 13990.94]。累减，得到 2005～2014 年建筑垃圾产量预测值：$$

$$\hat{x}^{(0)} = [556.94, 746.27, 960.86, 1184.66, 1398.69, 1587.07, 1741.14, 1859.74,$$

1946. 87,2008. 70〕进行残差计算，得到：

$E = [0.00, 86.21, 36.58, 131.63, 197.65, 39.32, -71.61, -92.63, -72.45, 77.10]$

计算相对残差 Q，得到 $Q = [0.000, 0.1306, 0.0396, 0.1250, 0.1646, 0.0254, -0.0395, -0.0474, -0.0359, 0.0399]$；

计算均方差比，得到 $S_1 = 517.4352$，$S_2 = 94.6339$，$C = 0.1829$；

计算小误差概率，得到 $p = 1$。

将沈阳市 2005~2014 年建筑垃圾年产量实际值与观测值进行对比，发现拟合度很高。因此该组数据可以用于对沈阳市 2015~2019 年这 5 年的建筑垃圾年产量进行预测（表 3-8）。

建筑垃圾年产生量预测模型检验计算　　　　　　表 3-8

年份	实际数据	预测数据	绝对残差	相对残差
2005	556. 94	556. 94	0. 00	0. 00%
2006	660. 06	746. 27	86. 21	13. 06%
2007	924. 28	960. 86	36. 58	3. 96%
2008	1053. 03	1184. 66	131. 63	12. 50%
2009	1201. 04	1398. 69	197. 65	16. 46%
2010	1547. 75	1587. 07	39. 32	2. 54%
2011	1812. 75	1741. 14	-71. 61	-3. 95%
2012	1952. 37	1859. 74	92. 63	-4. 74%
2013	2019. 32	1946. 87	-72. 45	-3. 59%
2014	1931. 69	2008. 70	77. 10	3. 99%

根据计算得到的模型，对 2015~2019 年沈阳市建筑垃圾年产生量进行预测。预测结果见表 3-9。

2015~2019 年沈阳市建筑垃圾年产生量预测值　　　表 3-9

预测值	年份				
	2015	2016	2017	2018	2019
Q（万 t）	2051. 50	2080. 63	2100. 22	2113. 29	2121. 97

3.4.3 比较

将灰色 Verhulst 模型和 GM(1,1)模型预测的数据对比分析，结果发现两个模型的预测精度都为一级，但灰色 Verhulst 模型的平均相对误差更小。因此灰色 Verhulst 模型比 GM(1,1)模型更适用于对沈阳市未来 5 年的建筑垃圾年产量进行预测（表 3 - 10）。

两种模型的预测值和精度对比 表 3 - 10

年份	建筑垃圾年产生量	灰色 Verhulst 模型			GM(1,1)模型		
	实际数据	预测数据	绝对残差	相对残差	预测数据	绝对残差	相对残差
2005	556.94	595.59	0.00	0.00%	556.94	0.00	0.00%
2006	660.06	746.27	86.21	13.06%	891.08	− 231.02	− 35.00%
2007	924.28	960.86	36.58	3.96%	999.55	− 75.27	− 8.14%
2008	1053.03	1184.66	131.63	12.50%	1121.20	− 68.17	− 6.47%
2009	1201.04	1398.69	197.65	16.46%	1257.71	− 56.67	− 4.72%
2010	1547.75	1587.07	39.32	2.54%	1410.80	136.95	8.85%
2011	1812.75	1741.14	− 71.61	− 3.95%	1582.62	230.13	12.70%
2012	1952.37	1859.74	92.63	− 4.74%	1775.21	177.16	9.07%
2013	2019.32	1946.87	− 72.45	− 3.59%	1991.30	28.02	1.39%
2014	1931.60	2008.70	77.10	3.99%	2233.71	− 302.02	− 15.64%
模型检验		P	C	平均相对误差	P	C	平均相对误差
		1.00	0.1829	4.02%	1.00	0.2639	− 37.96%

从表 3 - 10 中可看出，灰色 Verhulst 模型的预测数据与实际数据的拟合程度优于 GM(1,1)模型，预测趋势更符合沈阳市建筑垃圾产生量的实际情况。对比灰色 Verhulst 模型与 GM(1,1)模型可以看出，灰色 Verhulst 模型的预测精度更高，预测趋势更符合实际数据的增长趋势（表 3 - 11）。

2015～2019 年沈阳市建筑垃圾年产生量预测值　　表 3 – 11

年份	2015	2016	2017	2018	2019
灰色 Verhulst 模型的预测值	2051.50	2080.63	2100.22	2113.29	2121.97
GM(1,1)模型的预测值	2505.60	2810.59	3152.81	3536.58	3967.10

　　灰色 Verhulst 模型的预测结果显示，沈阳市建筑垃圾年产生量已趋于稳定，且呈现缓慢减少的趋势，这与沈阳市的建设发展情况相符合。

4

命令控制型政策工具下
建筑垃圾减量化行为分析

4.1
命令控制型环境政策工具的具体控制手段

命令控制型环境政策工具主要包括环境影响评价制度、排污许可制度、总量控制制度、限期治理制度等。根据上述政策制度在建筑垃圾产生过程中控制环节的不同，可将上述制度分为事前控制手段、事中控制手段和事后控制手段。

4.1.1 事前控制手段

事前控制手段以环境影响评价制度为主。环境影响评价制度是指在建设项目实施前就提出控制环境污染、减少污染物产生量继而减少排放量的方法，即在污染物产生前就对建筑垃圾排放量进行控制[82]。

有效的事前控制的确可以控制污染物的产生，达到防患于未然的目的，然而在控制的过程中，环境影响评价制度并不适用于建筑垃圾减量化管理过程，主要是因为现有的评价内容是对项目生产运行过程中产生的污染物进行评价，不包括建筑垃圾的排放量。其次，项目建设过程中不确定性较多也是原因之一。即使对建筑垃圾进行环境影响评价，对建筑垃圾的种类、数量等方面进行预测，对可能产生的问题提出解决措施，但由于工程结构、选材等方面的变化会导致建筑垃圾排放量发生很大变化，很容易导致预测内容与实际情况相差较远，从而会导致提出的减量化措施失效。

可以看出，由于现阶段环境影响评价制度的评价范围的局限性以及工程项目建设过程的多变性，导致环境影响评价制度不适用于建筑垃圾减量化管理活动中。因此后续的建模过程中不会考虑环境影响评价制度对建筑垃圾减量化行为的影响。

4.1.2 事中控制手段

事中控制手段是指在项目建设过程中对企业排放建筑垃圾等污染物的行为

进行控制。排污许可制度和总量控制制度都属于事中控制手段。其中，排污许可制度是指企业向环境排放污染物之前，要先向环境保护部门申办领取排污许可证后才可以排放污染物的制度；总量控制制度是指对一定时段内、一定区域内的企业排放污染物总量进行控制的制度[2]。在建筑垃圾减量化活动中，排污许可制度可以保证政府对企业的排放行为进行检查和监督，总量控制制度可以保证建筑垃圾排放量在目标范围内。总量控制制度是排污许可制度的前提，排污许可制度是实现总量控制的必要手段。以排污许可制度和总量控制制度为依据，政府可以对违规企业进行处罚，严格约束企业的排污行为。对违规企业收取罚款，可以使排污许可制度和总量控制制度实现有效衔接，更利于建筑垃圾减量化目标的实现。

4.1.3　事后控制手段

事后控制手段主要以限期治理制度为主。限期治理制度是指通过政府强制的手段，对违反规定企业规定期限，使企业在较短的时间内对污染物进行整治处理，使排放量在政府规定的标准之内，完成企业应负的环境保护责任。在治理污染物的过程中，政府可以要求未进行减量化处理的企业限期治理，减少污染物的排放量。如果企业在规定时限内仍未完成减量化任务，政府可以命令企业进行停业整顿或处以罚款，其中罚款制度是较为常用的约束手段。

总结具体的控制手段，发现这些方法都需要结合罚款制度才能够实现控制的目的。政府采用罚款制度，设置合理的罚款收取标准，对不进行减量化的企业进行经济处罚，不仅可以提高企业违规排放成本，对企业排放行为进行约束，还可以使政府在检查企业排放活动中获得额外的经济收入。由于对罚款的收取范围进行合理设置有利于政企双方实现建筑垃圾减量化的目标，因此将罚款这一变量纳入模型中，对罚款的范围进行讨论，并判断罚款变化对政企双方行为的影响。

对环境影响评价制度、排污许可制度、总量控制制度、限期治理制度在建筑垃圾减量化管理问题中的优缺点进行分析，发现环境影响评价制度不适用于处理建筑垃圾排放问题。对政府而言，排污许可制度、总量控制制度、限期治理制度都需要通过罚款制度才能发挥作用；对企业而言，收取罚款会直接导致企业的违法成本增加。因此罚款制度在解决建筑垃圾排放问题中是必要手段，在分析政企行为变化时，需考虑罚款对双方行为选择的影响。

罚款是指政府的行政处罚手段之一，对排污许可制度、总量控制制度、限期治理制度等命令控制型环境政策工具的具体控制手段进行分析后，发现必要的惩罚手段是保证制度效力的前提，而罚款又是最直接的惩罚手段。当政府检查过程中，发现企业存在违规排放的问题，就有权力向企业征收罚款。因此，罚款制度不仅可以约束企业的排放行为，而且可以调动政府对企业排放行为进行检查的积极性。

政府采取命令控制型政策工具对企业行为进行直接管制时，会根据法律法规的规定，结合企业排污的实际情况，确定每个违规企业的罚款收取额度。因此本章在建模过程中，罚款数额由政府直接确定，对罚款数额确定的方法不作过多讨论。

4.2
命令控制型政策工具下政企演化博弈分析

4.2.1　命令控制型政策工具下政企演化博弈背景介绍

为使排污许可制度在建筑垃圾减量化管理过程中发挥作用，对排污许可制度进行优化。政府向企业颁发排污许可证后，企业再排放建筑垃圾。在项目建设前或项目拆除前，排污许可证会和工程开工所需证件一同颁发，因此就不存在企业"先排放，后补证"的现象；如果政府在检查过程中发现企业超量排放建筑垃圾时，要向企业收取罚款。

为使总量控制制度发挥自身作用，对总量控制制度进行优化。建筑垃圾排放标准由上级直接决定。政府只负责对企业的排放行为进行检查、对违规排放的企业进行惩罚，不能够对建筑垃圾排放上限进行更改，否则政府为不限制企业的经济发展，会调高建筑垃圾排放量上限值，甚至采取申报排污制度，根据企业的申报排污量制定允许排放的建筑垃圾数量，这会使得总量控制制度失去作用。因此假设上级政府已综合考虑经济发展和环境容量等，根据企业的发展情况规定了允许排放的建筑垃圾上限，只有上级政府有权利对建筑垃圾排放量上限进行修改，当地政府（以下简称"政府"）没有权利进行修改。

对于企业减排行为的范围进行界定。需要说明的是，由于目前企业在技术层面有能力实现建筑垃圾减量化施工，是政府现有收费标准有缺陷加上企业管理不当造成建筑垃圾排放量居高不下这一局面，因此本书中假设，如果企业进行减量化施工，就能够达到政府规定的标准，不考虑企业进行减量化施工但不达标这种情况。

4.2.2 命令控制型政策工具下政企演化博弈模型构建

企业在建筑垃圾减量化进程中，会因为减量化活动获得一定的收益，但企业为实现减量化所增加的费用也需要考虑，例如对施工人员进行减量化施工培训产生的费用、提升管理水平而增加的费用、新施工工艺开发费用等。企业为了短期的利益，不愿在这些方面投入过多的资金。而理性的政府为使经济、环境、社会三方协调发展，实现社会利益最大化，希望企业进行减量化生产。但企业所追求的是自身利益最大化，这与政府追求的社会利益最大化并不完全一致。企业可能不清楚建筑垃圾减量化所带来的收益，为减少费用支出从而维持原状，拒绝进行减量化活动。而政府可能会认为将时间与精力放在其他方面可以得到更显著的社会效益，为节省成本，可能会放松对企业减量化行为的检查。企业既有不进行减量化活动的动机，又担心由于不遵守政策受到政府的惩罚。而政府有放松检查的动机，又担心因放松对企业的检查会使社会效益降低。

在这种情况下，需要对政府与企业进行博弈分析。在此博弈过程中，企业的策略集为｛减量化，不减量化｝，政府的策略集为｛检查，不检查｝。其中，可将（政府检查，企业减量化）认为是双方的合作行为，将（政府不检查，企业不减量化）认为是双方的不合作行为。双方的博弈行为是重复且不断变化的，政府与企业会根据对方的行为改变自身的决策，直到双方达到演化策略稳定为止。

模型参数如下：

R_g：减量化施工为政府带来的社会收益，包括减量化对环境的贡献、公众对政府满意度的提高以及对建筑垃圾处理产业的带动等。政府检查下的法律法规和地方政策可以促使社会公众对建筑垃圾减量化问题的关注度，检查使得建筑垃圾产量减少，整个社会环境有所改善，资源得以有效利用，相关企业和机构将对建筑垃圾这一产物得以重视，可以推动建筑垃圾回收处理产业的市场需要，由此带来了社会收益，由于环境限制、公众认知优先、建筑垃圾处理产业规模有限等因素，减量化带来的社会收益很难发生变化，可视为常数。

R_c：企业进行减量化施工时可以获得直接的经济效益，包括建材的节约、建筑垃圾运输费用的减少、建筑垃圾处置费用的减少等。

C_c：企业因实现减量化而增加的成本，包括为实现减量化进行的人员培训、新型机具设备的购买等增加的费用。

L_g：政府承担的企业不减量化造成的损失。企业不减量化将造成环境污染和资源浪费等负面影响，由此带来的一系列损失将由政府承担。

C_g：政府的检查成本，包括对企业建筑垃圾排放量上限的统计、跟踪、检查等。政府检查成本提高意味着减量化可以为政府带来更大的社会收益，而不减量化将对政府带来更严重的损失。

F：企业超量排放建筑垃圾所交的罚款。需要指出的是，对于政府下令改正而拒不更改的企业，目前我国采取"按日计罚"的惩罚措施，可以自责令更改之日的次日起，按照原处罚数额按日连续处罚，罚款总额上不封顶。在本章的模型中，由于只有当政府检查、企业不减量化时才涉及罚款收取问题，只研究当政府收取罚款时哪些因素是影响建筑垃圾减量化管理效果的主要因素，因此是否采取"按日计罚"的方式对研究结果没有影响。同时，命令控制型环境政策工具下罚款数额一般由政府直接确定，政府参考法律法规的相关处罚规定，根据企业超排情况收取罚款。

x：政府检查的概率。

y：企业减量化的概率。

根据上述分析，可以得到参与方的支付矩阵，见表4-1。

罚款制度下政府与建筑施工企业支付矩阵　　　　表4-1

		建筑施工企业	
		减量化	不减量化
政府	检查	u_1，v_1	u_2，v_2
	不检查	u_3，v_3	u_4，v_4

不同策略下政府和企业的支付函数表示如下：

（1）在（检查，减量化）的情况下，政府和企业的收益分别为：$u_1 = R_g - C_g$，$v_1 = R_c - C_c$。

（2）在（检查，不减量化）的情况下，政府和企业的收益分别为：$u_2 = -L_g - C_g + F$，$v_2 = -F$。

（3）在（不检查，减量化）的情况下，政府和企业的收益分别为：$u_3 = 0$，$v_3 = R_c - C_c$。

（4）在（不检查，不减量化）的情况下，政府和企业的收益分别为：$u_4 = -L_g$，$v_4 = 0$。

由实际经验可知，$R_c < C_c$，否则即使政府不检查，企业也会主动进行减量化施工。企业不会因建筑垃圾减量化获得许多的直接收益，但建筑垃圾减量化会为企业带来间接利益，如政府可将企业所需的建筑设备按低价转让或租赁给企业；政府可出资将建筑类高校和研究机构的可公开研究成果（新型建材或机械设备）以低租金租给企业，并对企业员工进行免费培训，提高企业的施工水平和竞争力；企业可将建筑垃圾减量化纳入企业文化中，有利于提高企业在业界的形象，从而提升企业的知名度，得到更多的合作机会。

分析企业的收益函数，结合支付矩阵，可知 $v_1 > v_2$，$v_3 < v_4$，即政府检查时，企业会进行减量化施工，否则可认为政府的管制政策无效。由建筑垃圾减量化现状可知，当政府不检查时，企业不会进行减量化施工。

分析政府的收益函数，结合支付矩阵，可知 $u_1 > u_3$，$u_2 < u_4$，由实际经验可知，当企业进行减量化活动时，政府对企业行为进行检查可使政府获得减量化带来的社会收益。相反，当企业不进行减量化活动时，意味着政府的减量化政策和惩罚制度对企业排放行为的约束无效，需要从其他方面对建筑垃圾进行管理，此

时政府就会选择不对企业的排放量进行检查，对建筑垃圾进行末端治理，退而求其次地将精力放在建筑垃圾处理和再利用方面。

因此，当 $v_1 > v_2$，$v_3 < v_4$，$u_1 > u_3$，$u_2 < u_4$ 时，即当 $R_c - C_c + F > 0$，$R_c - C_c < 0$，$F < C_g < R_g$ 时，不存在占优策略。以下的演化博弈分析都是基于这些条件。

4.2.3　政府的演化稳定策略分析

设政府检查与不检查的期望收益分别为 E_g^1 和 E_g^2，政府的平均期望收益为 $\overline{E_g}$，可得：

$$E_g^1 = yu_1 + (1 - y)u_2 = y(R_g - C_g) + (1 - y)(- L_g - C_g + F)$$
$$E_g^2 = yu_3 + (1 - y)u_4 = (1 - y)(- L_g)$$
$$\overline{E_g} = xE_g^1 + (1 - x)E_g^2$$

$$F(x) = \frac{\mathrm{d}x}{\mathrm{d}t} = x(E_g^1 - \overline{E_g}) = x(1 - x)[y(R_g - F) - (C_g - F)]$$

政府的复制动态方程为：

求 $F(x)$ 关于 x 的一阶导数，得到：

$$F'(x) = (1 - 2x)[y(R_g - F) - (C_g - F)]$$

令 $\dfrac{\mathrm{d}x}{\mathrm{d}t} = 0$，则 $x^* = 0$，$x^* = 1$，或者 $y^* = (C_g - F)/(R_g - F)$。下面对 y^* 的大小进行讨论。

令 $\dfrac{\mathrm{d}x}{\mathrm{d}t} = 0$，则 $x^* = 0$，$x^* = 1$，或者 $y^* = (C_g - F)/(R_g - F)$。由于 $F < C_g < R_g$，因此 $y^* \in (0,1)$。根据进化稳定策略的性质，得到结论4.1。

结论4.1：当 $y = y^*$ 时，所有的 $x \in [0,1]$ 都可能是演化稳定策略；当 $y < y^*$ 时，$x = 0$ 是稳定策略；当 $y > y^*$ 时，$x = 1$ 是稳定策略。

证明：将 $y = (C_g - F)/(R_g - F)$ 代入 $F'(x) = (1 - 2x)[y(R_g - F) - (C_g - F)]$ 中，发现 $[y(R_g - F) - (C_g - F)] = 0$，$F(x)$ 恒等于0。x 的变化对 $F(x)$ 的变化无影响，因此当 $y = (C_g - F)/(R_g - F)$ 时，总有 $F(x) = 0$，因此在 $x \in [0,1]$ 范围内取任何值时，x 都是演化稳定策略。当 $y \neq y^*$ 时，稳定策略需满足

$F(x) = 0$ 和 $F'(x) < 0$。当 $y < (C_g - F)/(R_g - F)$ 时，$F(0) = F(1) = 0$，$F'(0) < 0$，$F'(1) > 0$，因此 $x = 0$ 是稳定策略，当 $y > (C_g - F)/(R_g - F)$ 时，$F(0) = F(1) = 0$，$F'(0) > 0$，$F'(1) < 0$，因此 $x = 1$ 是稳定策略。

结论4.1表明，当企业选择进行减量化活动的比例为 $(C_g - F)/(R_g - F)$ 时，政府选择"检查"和"不检查"策略的期望收益是相同的，因此政府会维持现状不变。政府的演化方向可能受上级政策规定、经济发展状况、生态环境和社会环境的状况、企业排放情况等相关因素的影响。

当企业进行减量化的比例小于 $(C_g - F)/(R_g - F)$ 时，政府将选择不检查。从实际出发，此时企业进行减量化的比例较小，企业可能会采取谎报的方式来逃避检查，或为减少建筑垃圾减量化给企业施工过程带来的不便，甘愿交罚款。长此以往，检查行为将处于无效的状态，最终政府就会趋向于对建筑垃圾的处理方式和利用方式进行规定，以减少建筑垃圾最终的排放量。因此当进行建筑垃圾减量化活动的企业较少时，政府会倾向于选择"不检查"这一策略。

当企业进行减量化的比例大于 $(C_g - F)/(R_g - F)$ 时，政府将选择检查。政府采取检查策略所获得的收益要高于不检查所获得的收益。政府对企业行为进行检查可以获得减量化带来的社会收益，而且这部分的社会收益可以弥补政府的检查成本。尽管不进行减量化活动的企业较少，但政府不是靠收取罚款增加收益，而是从企业进行减量化的活动中获得社会收益。因此当进行建筑垃圾减量化活动的企业较多时，政府会倾向于选择"检查"这一策略。

同时还可以看出，政府承担的企业不减量化造成的损失 L_g 对政府的检查行为并无影响。尽管政府需要承担企业不减量化将造成环境污染和资源浪费等造成的损失，但这部分损失并未体现出来。这是因为，当企业选择不减量化时，如果政府检查企业被发现，那么这部分损失可由罚款弥补；如果政府不进行检查，那么也将不会关系到企业不减量化对自身利益造成的损失。因此，在后续分析过程中，可对政府承担的企业不减量化造成的损失 L_g 不予考虑。

4.2.4 企业的演化稳定策略分析

设企业减量化施工和不减量化施工的期望收益分别为 E_c^1 和 E_c^2，企业的平均期

望收益为 $\overline{E_c}$，可得：

$$E_c^1 = xv_1 + (1 - x)v_3 = R_c - C_c$$

$$E_c^2 = xv_2 + (1 - x)v_4 = -xF$$

$$\overline{E_c} = yE_c^1 + (1 - y)E_c^2$$

企业的复制动态方程为：

$$F(y) = \frac{\mathrm{d}y}{\mathrm{d}t} = y(E_c^1 - \overline{E_c}) = y(1 - y)[(R_c - C_c) + xF]$$

求 $F(y)$ 关于 y 的一阶导数，得到：

$$F'(y) = (1 - 2y)[(R_c - C_c) + xF]$$

令 $\frac{\mathrm{d}y}{\mathrm{d}t} = 0$，则 $y^* = 0$，$y^* = 1$，或者 $x^* = (C_c - R_c)/F$。由 $R_c < C_c$ 和 $R_c - C_c + F > 0$ 可知，$x^* \in (0,1)$。根据进化稳定策略的性质，得到结论 4.2。

结论 4.2：当 $x = x^*$ 时，所有的 y 都是演化稳定策略；当 $x < x^*$ 时，$y = 0$ 是稳定策略；当 $x > x^*$ 时，$y = 1$ 是稳定策略。

证明：将 $x = (C_c - R_c)/F$ 代入 $F'(y) = (1 - 2y)[(R_c - C_c) + xF]$ 中，发现 $[(R_c - C_c) + xF] = 0$，$F(y)$ 恒等于 0，y 的变化对 $F(y)$ 无影响，因此当 $x = (C_c - R_c)/F$ 时，总有 $F(y) = 0$，因此在 $y \in [0,1]$ 范围内取任何值时，y 都是演化稳定策略。根据进化稳定策略的性质，当 $x \neq x^*$ 时，稳定策略需满足 $F(y) = 0$ 和 $F'(y) < 0$。当政府进行检查的概率 $x < (C_c - R_c)/F$ 时，$F(0) = F(1) = 0$，$F'(0) < 0$，$F'(1) > 0$，因此 $y = 0$ 是稳定策略；当 $x > (C_c - R_c)/F$ 时，$F(0) = F(1) = 0$，$F'(0) > 0$，$F'(1) < 0$，因此 $y = 1$ 是稳定策略。

结论 4.2 表明，当政府检查的比例 $x = (C_c - R_c)/F$ 时，总有 $F(y) = 0$，企业无论是否进行减量化施工，获得的收益均不发生变化，因此企业会维持现状不变。此时企业最终是否会选择减量化取决于企业的社会责任感及经营理念等方面的因素。

当政府检查的比例 $x < (C_c - R_c)/F$ 时，企业不减量化的期望收益高于减量化的期望收益，此时"不减量化"是占优策略。这是因为当政府大部分采取"不检查"的策略时，企业会发现，即使不进行减量化活动也很难被政府发现，经过长期的学习和模仿，企业为节省减量化需要投入的成本，最终会选择"不减

量化"。

当政府检查的比例 $x > (C_c - R_c)/F$ 时，企业减量化的期望收益高于不减量化的期望收益，此时"减量化"是占优策略。从实际考虑，当政府检查比例较大时，企业不进行减量化活动就很容易被发现，此时不仅需要多交排污费，还要额外缴纳罚款，而且对企业的形象也会有不好的影响，在这种情况下选择不减量化的企业比例就会减少，最终选择"减量化"策略。

结论 4.3：当 $R_c > C_c$ 时，$y = 1$ 是稳定策略。

证明：$R_c > C_c$ 时，$x > x^*$ 恒成立，$F'(0) > 0$，$F'(1) < 0$，因此 $y = 1$ 是稳定策略。

结论 4.3 表明，当企业减量化收益 R_c 大于减量化增加的成本 C_c 时，企业必然选择减量化。从现实意义来说，尽管政府检查可以促使企业进行减量化活动，进行减量化后企业可以从其他环节获得间接利益，但由于企业无法从减量化过程中获得直接利益，企业便不会主动寻求减量化的途径。但是，当建筑垃圾减量化可以为企业带来直接的经济收益高于付出成本时，企业为获得更多的经济利益，必然会主动选择进行减量化活动。反之，政府就需要一直对企业行为进行检查监督，确保企业向减量化方向演化。

4.2.5 系统的稳定性分析

利用雅克比矩阵，计算局部均衡点的行列式和迹，判断均衡点的局部稳定性。雅克比矩阵的表达式为：

$$ J = \begin{bmatrix} \dfrac{\partial F(x)}{\partial x} & \dfrac{\partial F(x)}{\partial y} \\ \dfrac{\partial F(y)}{\partial x} & \dfrac{\partial F(y)}{\partial y} \end{bmatrix} $$

通过计算雅克比矩阵的迹 $\mathrm{tr}\,J$ 和行列式 $\det J$，判断矩阵的迹与行列式的正负来确定该点是否稳定，其中：

$$ \mathrm{tr}J = \frac{\partial F(x)}{\partial x} + \frac{\partial F(y)}{\partial y}, \ \det J = \frac{\partial F(x)}{\partial x} \times \frac{\partial F(y)}{\partial y} - \frac{\partial F(x)}{\partial y} \times \frac{\partial F(y)}{\partial x} $$

如果 $\mathrm{tr}\,J < 0$ 而 $\det J > 0$，那么该点为 ESS 稳定点；如果 $\mathrm{tr}\,J = 0$ 而 $\det J < 0$，则该点为鞍点；否则为不稳定点[83]。

其中：

$$\frac{\partial F(x)}{\partial x} = (1 - 2x)\left[y(R_g - F) - (C_g - F)\right], \frac{\partial F(x)}{\partial y} = x(1 - x)(R_g - F),$$

$$\frac{\partial F(y)}{\partial x} = y(1 - y)F, \frac{\partial F(y)}{\partial y} = (1 - 2y)\left[xF - (C_c - R_c)\right]$$

分别将均衡点 $A(0,0)$、$B(1,0)$、$C(0,1)$、$D(1,1)$、$E(x^*,y^*)$ 代入 $\det J$ 和 $\mathrm{tr} J$，得到：

$$A: \det J = (- C_g + F) \times (R_c - C_c), \mathrm{tr} J = - C_g + F + (R_c - C_c)$$

$$B: \det J = (C_g - F) \times \left[F + (R_c - C_c)\right],$$

$$\mathrm{tr} J = \left[C_g - F\right] + \left[F + (R_c - C_c)\right]$$

$$C: \det J = (R_g - C_g) \times (R_c - C_c), \mathrm{tr} J = (R_g - C_g) + (R_c - C_c)$$

$$D: \det J = (C_g - R_g) \times \left[F + (R_c - C_c)\right],$$

$$\mathrm{tr} J = (C_g - R_g) + \left[F + (R_c - C_c)\right]$$

$$E: \det J = - x^* y^* \times (1 - x^*)(1 - y^*) \times (R_g - F) \times F$$

$$\mathrm{tr} J = 0$$

根据雅克比矩阵的局部稳定性判定系统是否有演化稳定点。只有当系统的雅克比矩阵的行列式为正值且迹为负值时，该点才具有局部稳定性，是演化稳定点；当矩阵的行列式为 0 时，该点为鞍点；否则该点为不稳定点[84]。通过计算可知，系统有 5 个复制动态稳定点，其中稳定点为 $A(0,0)$ 和 $D(1,1)$，鞍点为 $E(x^*,y^*)$。系统的演化相位图如图 4 - 1 所示。

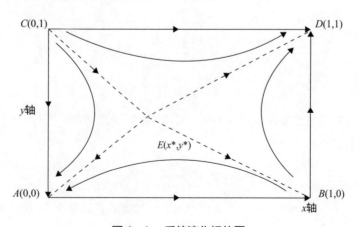

图 4 - 1　系统演化相位图

对图 4-1 进行分析，得出结论 4.4。

结论 4.4：$A(0,0)$ 和 $D(1,1)$ 为系统的局部稳定点，即演化稳定策略为"检查，减量化"或"不检查，不减量化"，演化稳定结果由初始点所在位置决定。

结论 4.4 表明，政府和企业的演化方向相同，或为"检查，减量化"，即响应建筑垃圾减量化政策，或为"不检查，不减量化"，即漠视建筑垃圾减量化政策。当政企双方漠视建筑垃圾减量化政策时，政府就不会对企业的行为进行检查，没有了政府的约束，企业就不进行建筑垃圾减量化管理活动；当政企双方响应建筑垃圾减量化政策时，政府会对企业的减排行为进行检查，在政府的检查监督下，企业自然会进行建筑垃圾减量化管理活动。如果政企双方积极响应政策（检查和减量化的初始比例较大），系统就会向政府期望的方向演化（政府检查，企业减量化），反之，系统将向背离政府的期望方向演化（政府不检查，企业不减量化）。因此，根据分析实际情况得到的结果，得出结论 4.4，即初始点和鞍点之间的位置关系决定着系统的演化方向。

由此可以推出，政府可以通过调整变量大小的方式对鞍点的位置进行调整，因为政企双方向"不检查，不减量化"方向演化的概率和向"检查，减量化"方向演化的概率分别由三角形 EAC 和三角形 EAB 面积之和（简记为 S_0）、三角形 ECD 和三角形 EBD 面积之和（简记为 S_1）决定。增加 S_1 的面积，提高初始点位于三角形 ECD、三角形 EBD 的概率，从而使政企双方更可能向合作方向演化，使企业进行减量化活动。

4.2.6 参数变化对演化路径的影响

从实际出发，政府可通过以下三种方式引导企业进行减量化活动：一是提高罚款 F，引导企业进行减量化活动；二是降低企业减量化的成本 C_c，提高企业减量化的积极性；三是降低检查成本 C_g，从而加大检查力度，严格监督企业行为。尽管检查成本 C_g 变化对企业减量化比例的变化无直接影响，但检查成本 C_g 的变化会改变政府检查比例，当政府检查比例过低时，企业便不会进行减量化活动。检查成本 C_g 的变化会间接影响企业的减量化比例，因此也将检查成本 C_g 作为影响企业减量化比例的主要参数之一进行分析。

从图 4 – 1 中可知, $S_0 = \frac{1}{2}\left[\,(C_c - R_c)/F + (C_g - F)/(R_g - F)\,\right]$, 则 $S_1 = 1 - \frac{1}{2}\left[\,(C_c - R_c)/F + (C_g - F)/(R_g - F)\,\right]$。根据 S_1 的面积表达式来讨论罚款 F、企业减量化的成本 C_c、检查成本 C_g 这三类影响因素变化对系统演化结果的影响。通过计算分析, 得到如下结论:

结论 4.5: 罚款 F 越高, S_1 的面积越大, 系统向(1,1)方向演化的概率越大。

证明: $\dfrac{\partial S_1}{\partial F} = \dfrac{1}{2}\left[\dfrac{C_c - R_c}{F^2} + \dfrac{R_g - C_g}{(R_g - F)^2}\right]$, 由于 $R_c - C_c + F > 0$、$R_c - C_c < 0$、$F < C_g < R_g$, 因此 $\dfrac{\partial S_1}{\partial F} > 0$。$S_1$ 是 F 的单调递增函数, 随着罚款 F 的增加, S_1 的面积也将增加, 系统向(1,1)方向演化的概率也将增加。

结论 4.5 表明, 政府对企业排放行为进行检查是有必要的, 对不减量化的企业收取罚款的制度也是必要的。罚款越高, 政企双方向"检查, 减量化"方向演化的概率就越大, 越有利于引导企业进行建筑垃圾减量化活动。这里需要说明的是, 罚款应满足 $F < C_g < R_g$ 这一条件, 即政府在制定罚款标准时, 罚款不能过高, 不能高于政府检查成本, 更不能高于政府因企业进行减量化活动而获得的社会收益, 否则会演化为政府会为收取罚款而暗中鼓励企业超额排放建筑垃圾。

结论 4.6: 企业减量化的成本 C_c 越低, S_1 的面积越大, 系统向(1,1)方向演化的概率越大。

证明: $\dfrac{\partial S_1}{\partial C_c} = -\dfrac{1}{2F}$, 由于罚款 F 为正值, 因此 $\dfrac{\partial S_1}{\partial C_c} < 0$。$S_1$ 是 C_c 的单调递减函数, 随着成本 C_c 的减少, S_1 的面积会增加, 系统向(1,1)方向演化的概率也将增加。

结论 4.6 表明, 降低企业减量化的成本也能够使企业选择减量化施工这一策略。这主要是因为降低企业减量化的成本可以使企业获得更多的收益。当减量化成本降低到可以使企业从减量化这一环节获利时, 企业为追求利益最大化, 会主动进行建筑垃圾减量化活动, 向减量化方向演化。根据结论 3.7 可知, 政府和企业的演化方向是相同的, 企业向减量化方向演化也就意味着政府会向检查方向演化, 最终系统就演化为"检查, 减量化"。因此, 政府也可以考虑通过减少企业减量化成本的方式使企业进行减量化活动。

结论 4.7：检查成本 C_g 越低，S_1 的面积越大，系统向 $(1,1)$ 方向演化的概率越大。

证明：$\partial S_1/\partial C_g = -1/2R_g$，由于政府因减量化获得的社会收益 R_g 为正值，因此 $\partial S_1/\partial C_g < 0$。$S_1$ 是 C_g 的单调递减函数，随着检查成本 C_g 的减少，S_1 的面积也将增加，系统向 $(1,1)$ 方向演化的概率就会增加。

结论 4.7 表明，在对企业排放行为进行检查的过程中，政府需要控制检查成本，如此能够降低检查难度，使政府的检查行为对企业形成威慑，才能够促进企业进行建筑垃圾减量化活动。但政府的检查成本也不是越低越好，检查成本不能低于罚款，政府获得的收益不能源于检查后获得的罚款，应该源于减量化活动带来的社会收益。

根据结论 3.5、结论 3.6、结论 3.7 可知，罚款 F 的增加、企业减量化的成本 C_c 和检查成本 C_g 的减少都可以推动系统向"检查，减量化"方向演化，但这三类因素对企业减量化行为的影响还需要进一步讨论。考虑到目前企业有向不进行减量化活动方向演化的趋势，因此讨论罚款 F、企业减量化的成本 C_c 和检查成本 C_g 这三类影响因素中，对何种因素进行较小调整可以使企业改变演化方向，向减量化方向演化。

分析罚款 F 和企业减量化的成本 C_c 的变化对 x^* 的影响。$\partial x^*/\partial F = (R_c - C_c)/F^2 < 0$，$\partial x^*/\partial C_c = 1/F > 0$。通过计算，发现 $\left|\dfrac{\partial x^*}{\partial F}\right| - \left|\dfrac{\partial x^*}{\partial C_c}\right| = \dfrac{C_c - R_c}{F^2} - \dfrac{1}{F} = \dfrac{1}{F^2}(C_c - R_c - F)$，则 $\left|\dfrac{\partial x^*}{\partial F}\right| < \left|\dfrac{\partial x^*}{\partial C_c}\right|$，相比较而言，企业减量化的成本 C_c 的变化对企业减量化行为的影响较大，罚款 F 的影响较小。从 x^* 的表达式中可以看出，检查成本 C_g 未出现，因此尽管检查成本 C_g 的变化会对 y^* 产生影响，通过影响政府检查行为来间接影响企业的减量化行为。因此检查成本 C_g 的变化对企业减量化行为的影响最小。

根据上述分析，得到结论 4.8。

结论 4.8：当企业有向"不减量化"方向演化的趋势时，罚款 F 的增加、企业减量化的成本 C_c 和检查成本 C_g 的减少都可以改变企业的演化方向，使企业向

"减量化"方向演化。其中改变企业减量化的成本 C_c 的变化对企业减量化行为的影响较大，罚款 F 的影响次之，检查成本 C_g 的影响较小。

为验证这上述结论的正确性，本书通过数值模拟来分析这三类因素的变化对企业减量化行为的影响，并对主要的影响因素进行调整，加快企业向减量化方向的演化速度，早日实现建筑垃圾减量化这一目的。

4.3
命令控制型政策工具下政企演化稳定策略的仿真模拟

为了考察模型的性质和实用性，下面采用 MATLAB 软件对模型进行不同参数情况下的仿真分析，仿真过程主要是模拟上文分析得到的演化稳定策略。由于目前没有政府的检查成本及罚款等相关实际数据，且企业谎报可获得的额外收益及被发现所造成的信誉损失也无法估计，因此在满足 $R_c < C_c$、$R_c - C_c + F > 0$ 和 $F < C_g < R_g$ 这三个条件下，根据政府和企业的复制动态方程，考虑变量之间的关系，并考虑变量变化对政企演化方向的影响。为简化分析，假设 $R_c = 3.5$，$C_c = 5$，$R_g = 9$，$C_g = 6$，$F = 4$，则 $(x^*, y^*) = (0.375, 0.4)$。

4.3.1 政府检查演化策略的仿真模拟

分析 y_0 的变化对政府检查行为变化情况，验证结论 4.1 是否正确。将变量代入 $F(x) = x(1-x)[y(R_g - F) - (C_g - F)]$ 中，得到 $F(x) = x(1-x)(5y-2)$。首先验证 $y_0 = y^*$ 时政府演化结果。令企业减量化的初始比例 $y_0 = 0.4$，分别令政府检查的初始比例 $x_0 = 0.3, 0.4, 0.5$。代入模型后，得到政府演化结果图，具体如图 4-2（a）所示。然后分析 $y_0 \neq y^*$ 企业减量化比例对政府演化方向的影响，令企业减量化的初始比例分别为 $y_0 = 0.3, 0.5$，令政府检查的初始比例为 $x_0 = 0.3$。

代入模型后，得到政府演化结果图，具体如图4-2（b）所示。

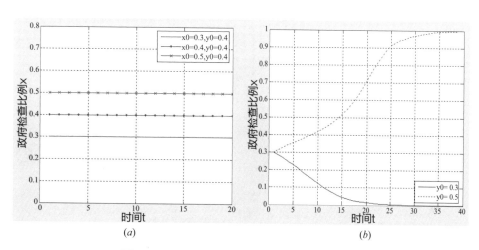

图4-2 罚款制度下政府策略选择动态演化图

从图4-2（a）中可以看出，当企业减量化初始比例 $y_0 = y^*$ 时，政府的检查比例 x 与初始检查比例相同，演化方向不发生变化，稳定在当前状态，即所有的 x 均为政府的演化稳定策略。从图4-2（b）中可以看出，当 $y_0 = 0.3$ 时，$y_0 < y^*$，政府向不检查方向演化，验证了结论4.2的正确性；当 $y_0 = 0.5$ 时，$y_0 > y^*$，政府向检查方向演化，验证了结论4.3的正确性。图4-2中得出的结论与结论4.1基本吻合，验证了结论4.1的正确性。

4.3.2 企业减量化演化策略的模拟仿真

分析 x_0 的变化对企业减量化行为变化情况，验证结论4.2是否正确。将变量代入 $F(y) = y(1-y)[(R_e - C_e) + xF]$ 中，得到 $F(y) = y(1-y)(4x - 1.5)$。首先验证 $x_0 = x^*$ 时政府演化结果。令政府检查的初始比例 $x_0 = 0.375$，分别令企业减量化的初始比例 $y_0 = 0.3, 0.4, 0.5$。代入模型后，得到政府演化结果图，具体如图4-3（a）所示。然后验证 $x_0 \neq x^*$ 政府检查的初始比例对企业演化方向的影响，令企业减量化的初始比例为 $y_0 = 0.4$，令政府检查的初始比例分别为 $x_0 = 0.3, 0.5$，代入模型后，得到企业演化结果图，具体如图4-3（b）所示。

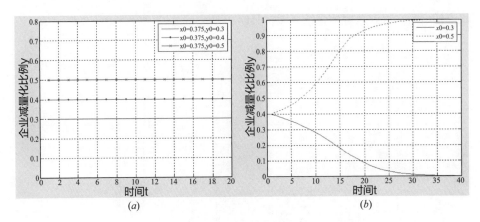

图4-3 罚款制度下企业策略选择动态演化图

从图4-3（a）中可以看出，当政府检查初始比例 $x_0 = x^*$ 时，企业的减量化比例 y 与初始检查比例相同，演化方向不发生变化，稳定在当前状态，即所有的 y 均为企业的演化稳定策略。从图4-3（b）中可以看出，当 $x_0 = 0.3$ 时，$x_0 < x^*$，企业向不减量化方向演化；当 $x_0 = 0.5$ 时，$x_0 > x^*$，企业向减量化方向演化。图4-3中得出的结论与结论4.2基本吻合，验证了结论4.2的正确性。

4.3.3 政企博弈系统的演化方向模拟仿真

对政府和企业在建筑垃圾减量化过程中的最终演化方向进行模拟仿真，验证结论4.4的正确性。将各参数代入表达式中，得到 $F(x) = x(1 - x)(5y - 2)$，$F(y) = y(1 - y)(4x - 1.5)$，具体结果如图4-4所示。

从图4-4可以看出，该系统的演化稳定策略为 $(0,0)$ 和 $(1,1)$，鞍点为 $(0.375,0.4)$。随着时间的增加，政府和企业都开始向0或1的方向演化，并最终演化至比例为0或比例为1的状态。政府和企业演化的最终状态取决于双方初始比例所在区域。政府与企业的演化方向保持一致，即双方或合作共同实现减量化，或不合作不进行减量化活动。仿真模拟得到的结果与结论4.4相一致，即博弈双方或共同开展减量化活动，或消极不作为不进行减量化活动，系统最终演化结果由双方的初始比例决定。

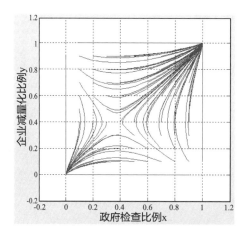

图4－4　命令控制型环境政策工具下政企复制动态相位图

4.3.4 影响因素的变化对系统演化方向的影响

为验证检查成本 C_g、企业减量化的成本 C_c 和罚款 F 这三类因素的变化对企业演化速度的影响、验证结论4.8的正确性，并研究通过调整这三类因素、使企业向减量化方向演化时，是否会对政府的演化方向有不利影响，因此对系统进行模拟。假设 $R_c=3.5$，$C_c=5$，$R_g=9$，$C_g=6$，$F=4$，$(x_0,y_0)=(0.3,0.3)$，为使企业更可能向减量化方向演化，并比较企业减量化比例对三类影响因素的敏感程度，分别将罚款 F 上调1、检查成本 C_g 和企业减量化的成本 C_c 降低1，固定其他变量不变，观察企业演化方向和演化速率的变化，以及影响因素对政府演化方向的影响。演化结果如图4－5、图4－6所示。

从图4－5中可以看出，调整罚款 F、检查成本 C_g 和企业减量化成本 C_c 确实可以改变企业的演化方向，使企业演化为减量化。其中，改变企业减量化成本对企业行为的影响最大，罚款次之，检查成本最小，与结论4.8基本吻合。

从图4－6中可以看出，调整罚款 F、检查成本 C_g 和企业减量化成本 C_c 也会使政府由不检查向检查方向演化，从演化速度来看，检查成本对政府向检查方向演化的速度影响最大，罚款次之，企业减量化成本影响最小，但三种情况下政府到达稳定策略的时间大致相同，因此可认为这三类因素对政府的演化行为没有不利影响，且影响程度大致相同。

由于检查成本 C_g、企业减量化的成本 C_c 和罚款 F 这三类因素的变化对企业演化行为的影响存在着较大差距，调整这三类因素，使企业向减量化方向演化的过程中，对政府向检查方向演化无不利影响。因此政府引导企业进行减量化活动时，应首先考虑如何降低企业的减量化成本，其次考虑通过提高罚款和降低检查成本的方式加大对企业的检查力度。

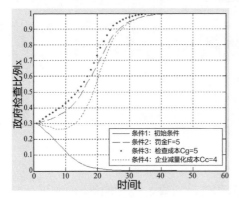 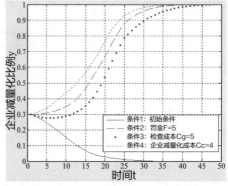

图4-5 变量变化对企业演化行为的影响　　图4-6 变量变化对政府演化行为的影响

4.4

现行命令控制型政策工具存在的问题

从现实角度出发，政府需要出台新的政策制度，才能降低企业的减量化成本和政府的检查成本。但是新政策制度的出台会导致政策的设计成本较高，推行新的政策制度也可能遇到许多的阻力。政府需要在现有的政策制度上进行改进，实现减量化的目的。而模型分析表明，对罚款进行调整也可以实现建筑垃圾减量化的目的，且我国目前存在对污染企业进行处罚的制度，因此，政府可以通过调整罚款来引导企业进行减量化活动。但我国现行的罚款制度存在着较多问题，这影响了罚款制度的实施效果。

首先，罚款的收取具有任意性。条例中经常说明，"对于违反何种规定的企业或单位，处以×××以下的罚款"，并没有确切的收取金额，没有客观的收费标准，这就使得企业会对政府的惩罚款额发生质疑。

其次，罚款并未与建筑垃圾排放标准相关联。由于命令控制型环境政策工具下，政府实行总量控制原则，只要企业排放量超过政府规定标准，企业就需要向政府缴纳罚款，不管企业的超标排放情况是否严重，企业向政府缴纳的罚款相同，这就是目前收取罚款的方式，即罚款没有与建筑垃圾排放量上限挂钩，不管超出标准排放了多少，企业都缴纳同等的罚款，这反而会诱导企业完全不顾排放标准，排放更多的建筑垃圾。而且，减量化效果明显的企业和减量化效果一般的企业在收益方面没有区别，这就使企业即便进行减量化活动，也只会使排放量略低于排放标准，不会进一步地去考虑如何更多地减少建筑垃圾的排放量，这样不利于激发企业减量化的积极性。

因此，如果政府期望通过罚款制度约束企业的行为，那么就要明确罚款的收取方式和收取标准，并将建筑垃圾排放量上限作为罚款收取的主要依据，如此才能使罚款制度的作用得到发挥。

4.5
本章小结

本章介绍了命令控制型环境政策工具的具体控制手段，认为这些手段需要结合罚款制度才能够发挥作用。利用演化博弈模型，对命令控制型环境政策工具下的罚款制度进行分析，发现政府和企业的演化方向相同，双方或"检查，减量化"，积极推动建筑垃圾减量化进程，或"不检查，不减量化"，消极对待建筑垃圾减量化政策。政府可以通过对企业减量化成本、罚款和检查成本这三个因素进行调整，引导企业进行建筑垃圾减量化活动。其中，企业减量化成本的变化对企业的行为影响最大，罚款次之，检查成本最小。利用模拟仿真的方法对结论进行验证，发现政府和企业的演化方向相同，并验证了企业减量化成本、罚款和检查成本这三个因素对企业行为的影响程度。政府在进行政策调整时，首先应考虑减少企业减量化成本，以尽快实现建筑垃圾减量化的目标，其次再考虑通过调整罚款和检查成本的方式来实现减量化目标，最后针对现行的命令控制型政策工具中罚款制度存在的问题，提出政府应明确罚款的收取方式和收取标准、罚款收取额度应与建筑垃圾排放量相关的建议。

5
经济激励型政策工具下
建筑垃圾减量化行为分析

5. 1
经济激励型环境政策工具的具体制度

经济激励型环境政策工具通过调节市场机制间接影响企业的行为，以约束企业排污行为、缓解政府治污压力、实现资源的合理利用[85]。经济激励型环境政策工具较为常见的两类制度就是排污费制度和补贴制度，尽管都是通过经济手段来减少排污行为，但依据的原则有所不同。排污费制度根据"污染者付费"的原则，对排放污染物的企业收取排污费，提高企业的排污成本。企业如果想少交排污费，就需要考虑如何减少污染物的排放量[4]。因此，排污费制度下，企业为减少成本，会被迫进行减量化活动。补贴制度则根据"处理者获利"的原则，对从事减量化活动的企业给予经济补贴，降低企业的减量化成本，从而调动企业减量化的积极性。本书将结合建筑垃圾减量化这一具体问题，明确排污费制度和补贴制度的计费模式，对排污费制度和补贴制度下政府和建筑施工企业的行为进行分析，为政府寻找对建筑垃圾减量化活动影响较大的因素，通过对这一影响因素进行调整，使更多的企业加入建筑垃圾减量化活动中，从而早日实现建筑垃圾减量化的目标。

5. 1. 1　排污费制度

因为排污费和排污税都是根据污染者付费原则，要求企业对破坏的环境进行补偿，以提高企业的经营成本，促使企业进行减量化生产活动，因此二者的作用机理是相似的。又因目前政府正在积极进行排污费改排污税的立法活动，因此本书不对排污费、排污税这两个概念进行区别。

目前我国实行的仍然是排污收费制度，又由于二者性质相似，因此本书中的排污费具有税的性质，有固定的计费方法和费率，而且排污费是一种强制性的缴费，只要企业排放了建筑垃圾，就需要缴纳建筑垃圾排污费。因此需要对排污费的计费方法进行分析，并确定合理的费率，使排污费高于企业因减量化产生的成本，这样才能约束并规范企业的排污行为。

目前，学者普遍认为排污费收费标准偏低，计费标准过于宽松，政府可能为发展经济而降低排污费收费标准，甚至直接对企业的排污费进行减免。因此，政府在设计排污费计费方法时，首先应该针对各类污染物分别制订污染物排放量上限和使企业污染物减量化的目标。然后，将污染物排放量作为排污费的计费基数，企业按排放污染物的数量缴纳排污费，针对超出标准的部分，政府可以收取更高的排污费或罚款，以此督促企业重视建筑垃圾减量化活动。具体到建筑垃圾问题上，结合建筑垃圾排放量大、容易统计这些特点，政府可以确定建筑垃圾排放量上限（建筑垃圾排放标准）和排污费费率等因素，使企业根据排放建筑垃圾的数量多少向政府交排污费，自主确定适合自身发展的道路。

在建筑垃圾排污费费率确定问题中，由于建筑垃圾处理费用与建筑垃圾的种类有关，因此有学者提出，可以考虑根据所包含建材的主要种类不同来制订不同的费率，或者考虑治理建筑垃圾所需成本最高的情况，确定这种情况下的边际治理成本，继而来确定费率，以实现对建筑垃圾排放量上限的削减。不难发现，用最高治理成本来确定费率的方法要优于根据种类不同来制订不同费率的方法，首先，这种费率的确定方法可以减少政府为确定费率而进行的准备工作，只需考虑处理建筑垃圾时所需成本最多的情况，简化了工作量；其次，最高治理成本法相当于提高了排污费收费标准，如此可以有效限制企业对建筑垃圾的排放。

关于排污费计费方法，为统一计价模式，各地政府都引入污染当量的概念，将污染物排放量换算成污染当量，再与污染当量收费单价相乘，就得到排污费收费额。这种计费方法应用到建筑垃圾排污费计费方法中，可以具体为将建筑垃圾排放量换算为建筑垃圾污染当量，再乘以建筑垃圾收费单价就得到建筑垃圾排污费收费额。但建筑垃圾排污量较大，且成分复杂，进行污染当量的换算无疑加大了政府的工作量和工作难度，因此可以考虑直接用建筑垃圾排放量乘以排放单价来确定排污费收费额。

在实际操作过程中，尽管建筑垃圾排污费费率和建筑垃圾排放标准的合理性都会影响建筑垃圾排污费的收取和减量化政策效果，但许多国家在进行排污收费后都达到了显著的减排效果。目前许多地方政府的排污费收取方式执行的是差别收费政策，这种政策具体到建筑垃圾排污费征收中如下：当企业的建筑垃圾排放量上限超过政府规定标准时，企业需要向政府交1或2倍的排污费；当企业将建筑垃圾排放量上限减少到低于政府规定标准的一半以上时，企业只需交一半的排污费。由于建筑垃圾数量较大，一旦排污费费率或排放标准设计的不合理，会直接影响企业进行建筑垃圾减量化活动的效果。

为削弱费率或标准设计不当带来的影响，并结合目前较少有企业进行建筑垃圾减排活动且将建筑垃圾排放量上限控制在可以少交排污费的范围内，故本书在计算建筑垃圾排污费时，不考虑成倍增加或减少政府征收的排污费，用收取罚款的方式来弥补设计不当带来的缺陷，提高未减量化企业的成本，刺激企业削减建筑垃圾排放量。建筑垃圾排污费计算方法为建筑垃圾排污费费率乘以建筑垃圾排放量，当企业的建筑垃圾排放量上限超出政府规定标准时，针对超出部分将收取罚款。

罚款应该与企业的排污量相关，排污量大的企业重罚，排污量小的企业轻罚，如此才可能使企业减少排污量。对应建筑垃圾减量化问题，收取罚款的额度应该与建筑垃圾排放量上限相关联，多排重罚，少排轻罚，如此才能使企业即使不能达到政府规定的目标，也能够主动控制建筑垃圾排放量。罚款的收取方法可以分为以下两种：一是阶梯单价法，参考阶梯电价的收费模式，将超出标准的建筑垃圾排放量分为不同的阶梯，对每个阶梯的罚款单价进行差别定价，阶梯排放量越高，单价越高，随着建筑垃圾排放量的增加，单位罚款的数额逐渐增加，如此便可以限制企业排放建筑垃圾；二是固定单价法，即罚款单价与企业超出标准的建筑垃圾排放量上限的乘积就是企业需要缴纳的罚款，企业超排建筑垃圾量越大，需要缴纳的罚款就越多，这也是学者在研究排污问题时最常用的罚款收取方法。

阶梯单价法可以实现差别定价，以实现优化资源配置、减轻环境污染的目的，但实施起来有一定难度，因为政府需要将企业超排的建筑垃圾产量进行分段，并确定每段对应的单位罚款，这加大了政府的工作量与工作难度，而且阶梯单价会使企业试图将超排量控制在单价最低的阶梯内，如此会加剧企业偷排建筑垃圾的行为。而固定单价法只需要规定单位罚款数量，工作量小，便于统计与管理。因此本书中罚款的收取方式为固定单价法，并假设一旦企业不进行减量化施工，就会以企业利益最大化为原则进行施工，但建筑垃圾数量就会超过政府规定标准，企业不进行减量化时的建筑垃圾排放量就不会不因政府检查情况的变化而变化。

结合第 4 章中对罚款制度缺陷的分析，设置罚款费率这一变量，将罚款数额与建筑垃圾排放量上限相关联。需要说明的是，罚款费率要高于排污费费率，否则将失去惩罚意义。而政府在制定排污费和罚款的政策时，不仅应考虑对企业的约束作用，还要同时考虑市场规律，从而建立长期有效的排污收费制度。

5.1.2 补贴制度

为鼓励建筑施工企业进行建筑垃圾减量化活动，政府可以对进行建筑垃圾减量化的企业给予补贴。本书中假设企业一旦选择减量化施工就能够减少建筑垃圾的排放量，政府可以为这类企业提供经济支持和财政帮助。建筑垃圾补贴模式包括以下几种：政府直接投资、税收优惠、财政补贴等。

政府直接投资，即政府对进行建筑垃圾减量化工艺研发的企业直接注入资金，或政府出资购买企业进行减量化施工所需的大型机械设备，多用于生产环节较多的产业中。政府投资是一种直接投资，政府可以通过对某产业的各个环节进行分析，引导企业在重点环节上进行技术创新，实现该产业水平的整体提升。可以看出，政府投资有一个显著的特点，具体到建筑垃圾减排问题中，就是政府投资不与建筑垃圾减量化效果挂钩，这可以极大地调动企业进行建筑垃圾减量化研究的积极性，但同时也存在着弊端，即政府对企业的投资没有依据，企业可能将从政府处获得的用于建筑垃圾减量化的资金用在与减量化施工无关的方面，这反而会使政府投资达不到预期的减少建筑垃圾排放量上限的效果。

税收优惠，即政府采用减免退税、加速折旧、亏损结转扣除、延期纳税等税收方面的优惠政策，降低企业的税收负担[86]。对于企业来说，税收优惠可以降低企业进行减量化技术研究的风险，降低企业进行减量化技术创新的研发成本，增加了企业的收益。但是，税收优惠却不适用于建筑垃圾减量化管理活动中。税收优惠政策多用于推动高新技术企业进行生产活动，以扩大企业的生产规模。在新发布的《国家重点支持高新技术领域》文件中也提到，利用建筑垃圾生产再生建材的企业可以向政府申请成为高新技术企业，享受税收优惠政策。而施工企业不是利用高新技术生产新型产品，也不从事高新技术的开发，而是使用高新技术减少污染物的排放，因此在判定建筑施工企业是否有权享有优惠这一方面会存在争议。

　　财政补贴，即政府根据企业进行建筑垃圾减量化方面的技术研究、工艺创新、机械设备等方面的投资额，按一定比例对企业进行经济补贴，其目的是为了提高企业开展建筑垃圾减量化活动的积极性。政府对进行建筑垃圾减量化投资的企业进行奖励，使之发挥模范带头作用，同时也可以对其他未进行建筑垃圾减量化投资的企业形成刺激与带动的作用，使企业之间互相学习、取长补短，形成良好的行业竞争氛围。但财政补贴通常根据企业投资额进行补贴，政府很难确定企业的投资是否用于建筑垃圾减量化活动中。因此，需要以其他因素为依据对企业进行财政补贴。最直接、最合理的补贴方式就是以建筑垃圾排放量为依据，对显著降低建筑垃圾排放量的企业给予补贴，补贴数量根据企业的减排数量而定。

5.2
排污费制度下政企演化博弈分析

5.2.1　排污费制度下政企演化博弈模型建立

　　与第 4 章中政企的策略集相似，企业的策略集为 ｛减量化，不减量化｝，政府的策略集为 ｛检查，不检查｝。其中，可将（政府检查，企业减量化）认为是双方的合作行为，将（政府不检查，企业不减量化）认为是双方的不合作行为。双方的博弈行为是重复且不断变化的，政府与企业会根据对方的行为改变自身的决策，直到双方达到演化策略稳定为止。

　　模型变量及解释如下：R_g 为减量化施工为政府带来的社会收益；R_c 为企业进行减量化施工时可以获得的直接的经济效益；C_c 为企业因实现减量化而增加

的成本；C_g 为政府的检查成本。这些变量的具体意义与第 3 章中的意义相同，在 3.2.1 中有详细介绍，在此不再赘述。主要对以下变量进行解释：

Q：企业未进行减量化管理的建筑垃圾排放量。

Q_g：政府规定的建筑垃圾排放量上限。当企业的建筑垃圾排放量超过政府规定上限时，政府就可以对企业进行处罚。

Q^*：企业进行减量化管理后的建筑垃圾排放量。可以看出，$Q^* \leqslant Q_g < Q$，否则政府规定的排放量上限无意义。

k：建筑企业超量排放建筑垃圾的罚款比率。因此企业不进行减量化施工被政府发现时需缴纳的罚款为 $k(Q - Q_g)$。

θ：建筑垃圾排污费率。企业进行建筑垃圾减量化施工时向政府上交的排污费为 θQ^*，企业未进行建筑垃圾减量化施工时向政府上交的排污费为 θQ。企业为少交排污费、不交罚款，便会进行建筑垃圾减量化活动。

x：政府检查的比例。

y：企业减量化的比例。

根据上述分析，可以得到参与方的支付矩阵，见表 5-1。

排污费制度下政府与企业支付矩阵 表 5-1

		企业	
		减量化	不减量化
政府	检查	u_1，v_1	u_2，v_2
	不检查	u_3，v_3	u_4，v_4

不同策略下政府和企业的支付函数表示如下：

（1）在（检查，减量化）的情况下，政府和企业的收益分别为：$u_1 = R_g - C_g + \theta Q^*$，$v_1 = R_c - C_c - \theta Q^*$。

（2）在（检查，不减量化）的情况下，政府和企业的收益分别为：$u_2 = -C_g + \theta Q + k(Q - Q_g)$，$v_2 = -\theta Q - k(Q - Q_g)$。

（3）在（不检查，减量化）的情况下，政府和企业的收益分别为：$u_3 = \theta Q^*$，$v_3 = R_c - C_c - \theta Q^*$。

（4）在（不检查，不减量化）的情况下，政府和企业的收益分别为：$u_4 = \theta Q, v_4 = -\theta Q$。

5.2.2　排污费制度下模型的基本假设

分析企业的收益函数，结合支付矩阵，可知 $v_1 > v_2$，$v_3 < v_4$，即政府检查时，企业会减量化施工，否则政府的检查行为不能够使企业的生产方式发生改变，即政府的减排政策无效。政府不检查时，企业不会进行减量化施工，否则无论政府是否检查，企业都会选择减量化，这与实际相悖。

分析政府的收益函数，结合支付矩阵，可知 $u_1 > u_3$，$u_2 < u_4$，因为由实际经验可知，当企业进行减量化活动时，政府对企业行为进行检查可使政府获得减量化带来的社会收益。相反，当企业不进行减量化活动时，意味着政府的减量化政策和惩罚制度对企业排放行为的约束无效，需要从其他方面对建筑垃圾进行管理，此时政府就会选择不对企业的排放量进行检查，对建筑垃圾进行末端治理，退而求其次地将精力放在建筑垃圾处理和再利用方面，提高建筑垃圾的使用率。

当 $v_1 > v_2$，$v_3 < v_4$，$u_1 > u_3$，$u_2 < u_4$ 时，即当 $R_c - C_c + \theta(Q - Q^*) + k(Q - Q_g) > 0$，$R_c - C_c + \theta(Q - Q^*) < 0$，$k(Q - Q_g) < C_g < R_g$ 时，不存在占优策略。演化博弈分析都是基于这些条件。

对上述条件进行分析，判断其合理性。

与企业相关的条件：$R_c - C_c + \theta(Q - Q^*) + k(Q - Q_g) > 0$，$R_c - C_c + \theta(Q - Q^*) < 0$。

结合实际情况可知，政府不检查时，企业不会进行减量化活动，因为即使企业减量化可以少交排污费，可以获得减量化带来的经济效益，但仍然无法弥补企业减量化投入的成本，因此 $R_c - C_c + \theta(Q - Q^*) < 0$；政府检查时，企业会进行减量化活动，因为不减量化就要交罚款，这部分支出是高于减量化投入的成本的，为节省资金投入，企业会选择进行减量化活动，因此 $R_c - C_c + \theta(Q - Q^*) + k(Q - Q_g) > 0$。这里可以看出，$R_c < C_c$，即企业进行减量化的成本高于收益。尽管企业进行减量化活动不能获得利润甚至是亏本的，但是企业可以从其他方面获得收益，例如，企业可与政府获得更多的合作机会，政府可以指定该企业进行公

共设施的建设，为企业增加利润。

与政府相关的条件：$k(Q - Q_g) < C_g < R_g$。

首先分析罚款 $k(Q - Q_g)$。如果政府收取的罚款过高（单位罚款过高或排放标准设置不合理），将不利于企业进行减量化活动。同时，不合理的高罚款可能会使企业退出建筑产业，这不利于当地建筑行业的发展。因此，罚款要小于政府从减量化活动中获得的社会收益，即 $k(Q - Q_g) < R_g$。

其次分析检查成本 C_g。如果检查成本过低，政府会简单地对企业的排放行为进行检查，通过收取罚款的方式弥补检查成本的支出，最后即使政府检查，企业也不会进行减量化活动；如果检查成本过高，高于政府通过减量化所获的社会收益，那么即使实现了建筑垃圾减量化，政府也将逐渐地放弃对企业的排放行为进行检查。因此，检查成本不能超过政府从减量化活动中得到的社会收益，但也不能低于收取的罚款，即 $k(Q - Q_g) < C_g < R_g$。

最后分析政府因减量化得到的社会收益 R_g。如果政府因减量化获得的社会收益低于政府收取的罚款时，即 $R_g < k(Q - Q_g)$ 时，政府会期望企业不进行减量化活动，通过检查企业行为来获得罚款，这不能实现减量化的目的。如果政府因减量化获得的社会收益低于政府检查成本时，即 $R_g < C_g$ 时，由于检查成本过高，即使企业进行减量化施工，政府也不会从中获得社会收益，最终政府将不对企业的行为进行检查。因此，政府因减量化得到的社会收益要大于罚款，也要大于政府的检查成本，即 $R_g > k(Q - Q_g), R_g > C_g$。

5.2.3 排污费制度下政企演化博弈模型构建

设政府检查与不检查的期望收益分别为 E_g^1 和 E_g^2，政府的平均期望收益为 $\overline{E_g}$，可得：

$$E_g^1 = yu_1 + (1 - y)u_2 = y(R_g - C_g + \theta Q^*) + (1 - y)[C_g + \theta Q + k(Q - Q_g)]$$

$$E_g^2 = yu_3 + (1 - y)u_4 = y\theta Q^* + (1 - y)(\theta Q)$$

$$\overline{E_g} = xE_g^1 + (1 - x)E_g^2$$

$$F(x) = \frac{dx}{dt} = x(E_g^1 - \overline{E_g}) = x(1 - x)\{y[R_g - k(Q - Q_g)] - [C_g - k(Q - Q_g)]\}$$

政府的复制动态方程为:

求 $F(x)$ 关于 x 的一阶导数,得到:

$$F'(x) = (1 - 2x)\{y[R_g - k(Q - Q_g)] - [C_g - k(Q - Q_g)]\}$$

令 $\dfrac{\mathrm{d}x}{\mathrm{d}t} = 0$,则 $x^* = 0$,$x^* = 1$,或者 $y^* = [C_g - k(Q - Q_g)]/[R_g - k(Q - Q_g)]$。下面对政府演化稳定策略进行讨论。由于 $k(Q - Q_g) < C_g < R_g$,因此 $y^* \in (0,1)$。当 $y = y^*$ 时,总有 $F(x) = 0$,所有的 $x \in [0,1]$ 都可能是演化稳定策略。这表示当企业选择进行减量化活动的比例为 $\dfrac{C_g - k(Q - Q_g)}{R_g - k(Q - Q_g)}$ 时,政府选择"检查"和"不检查"的期望收益是相似的,因此政府会维持现状不变。政府的决策结果可能受上级政策规定、经济发展、生态环境和社会环境的状况等相关因素的影响。

当 $y \neq y^*$ 时,稳定策略需满足 $F(x) = 0$ 和 $F'(x) < 0$。当 $y < y^*$ 时,$F'(0) < 0$,$F'(1) > 0$,$x = 0$ 是稳定策略,即政府将选择不检查。这表明当企业进行减量化的比例小于 $[C_g - k(Q - Q_g)]/[R_g - k(Q - Q_g)]$ 时,从实际出发,此时企业进行减量化的比例较小,企业可能会采取谎报的方式来逃避政府的检查,或者为减少建筑垃圾减量化给企业施工过程带来的不便,甘愿多交排污费和罚款。长此以往,政府的检查行为处于无效果的状态,最终政府就会趋向于不对建筑企业的排放行为进行检查,转而对建筑垃圾的处理方式和利用方式进行规定,以减少建筑垃圾最终的排放量。因此当进行建筑垃圾减量化活动的企业较少时,政府会倾向于选择"不检查"这一策略。

相反,当 $y > y^*$ 时,$F'(0) > 0$,$F'(1) < 0$,$x = 1$ 是稳定策略,政府将选择检查。这表明当企业进行减量化的比例大于 $[C_g - k(Q - Q_g)]/[R_g - k(Q - Q_g)]$ 时,政府采取检查策略所获得的收益要高于不检查所获得的收益。政府对企业行为进行检查可以获得减量化带来的社会收益,而且这部分的社会收益可以弥补政府的检查成本。尽管不进行减量化活动的企业较少,但政府不是靠收取罚款增加收益,而是从企业进行减量化的活动中获得社会收益。因此当进行建筑垃圾减量化活动的企业较多时,政府会倾向于选择"检查"这一策略。

设企业减量化施工和不减量化施工的期望收益分别为 E_c^1 和 E_c^2,企业的平均期

望收益为 $\overline{E_c}$，可得：

$$E_c^1 = xv_1 + (1-x)v_3 = R_c - C_c - \theta Q^*$$

$$E_c^2 = xv_2 + (1-x)v_4 = x[-\theta Q - k(Q-Q_g)] + (1-x)(-\theta Q)$$

$$\overline{E_c} = yE_c^1 + (1-y)E_c^2$$

企业的复制动态方程为：

$$F(y) = \frac{dy}{dt} = y(E_c^1 - \overline{E_c}) = y(1-y)\{xk(Q-Q_g) - [C_c - R_c - \theta(Q-Q^*)]\}$$

求 $F(y)$ 关于 y 的一阶导数，得到：

$$F'(y) = (1-2y)\{xk(Q-Q_g) - [C_c - R_c - \theta(Q-Q^*)]\}$$

令 $\frac{dy}{dt} = 0$，则 $y^* = 0$，$y^* = 1$，或者 $x^* = [C_c - R_c - \theta(Q-Q^*)]/k(Q-Q_g)$。

因为 $R_c - C_c - \theta Q^* > -\theta Q - k(Q-Q_g)$，即 $0 < C_c - R_c - \theta(Q-Q^*) < k(Q-Q_g)$，因此 $x^* \in (0,1)$。当政府检查的概率 $x = x^*$ 时，总有 $F'(y) = 0$，所有的 $y \in [0,1]$ 都可能是演化稳定策略。企业无论是否进行减量化施工，获得的收益均不发生变化，因此企业会维持现状不变。此时企业最终是否会选择减量化取决于企业的社会责任感及经营理念等方面的因素。

当政府进行检查的概率 $x < x^*$ 时，$F'(0) < 0$，$F'(1) > 0$，$y = 0$ 是稳定策略，企业选择不减量化。这表明当政府检查的比例小于 $[C_c - R_c - \theta(Q-Q^*)]/k(Q-Q_g)$ 时，企业不减量化的期望收益高于减量化的期望收益，此时"不减量化"是占优策略。这是因为当政府大部分采取"不检查"的策略时，企业会发现，即使不进行减量化活动也很难被政府发现，经过长期的学习和模仿，企业为节省减量化需要投入的成本，最终会选择"不减量化"。

当政府进行检查的概率 $x > x^*$ 时，$F'(0) > 0$，$F'(1) < 0$，$y = 1$ 是稳定策略，企业选择减量化。这表明当政府检查的比例大于 $[C_c - R_c - \theta(Q-Q^*)]/k(Q-Q_g)$ 时，企业减量化的期望收益高于不减量化的期望收益，此时"减量化"是占优策略。从实际考虑，当政府检查比例较大时，企业不进行减量化活动就很容易被发现，此时不仅需要多交排污费，还要额外缴纳罚款，而且对企业的形象也会有不好的影响，在这种情况下选择不减量化的企业比例就会减少，最终选择"减量化"策略。

5.2.4 排污费制度下政企博弈系统的稳定性分析

利用雅克比矩阵，计算局部均衡点的行列式和迹，判断均衡点的局部稳定性。雅克比矩阵的表达式为：

$$J = \begin{bmatrix} \dfrac{\partial F(x)}{\partial x} & \dfrac{\partial F(x)}{\partial y} \\[3mm] \dfrac{\partial F(y)}{\partial x} & \dfrac{\partial F(y)}{\partial y} \end{bmatrix}$$

通过计算雅克比矩阵的迹 tr J 和行列式 det J，判断矩阵的迹与行列式的正负来确定该点是否稳定，其中：

$$\mathrm{tr}J = \frac{\partial F(x)}{\partial x} + \frac{\partial F(y)}{\partial y}, \mathrm{det}J = \frac{\partial F(x)}{\partial x} \times \frac{\partial F(y)}{\partial y} - \frac{\partial F(x)}{\partial y} \times \frac{\partial F(y)}{\partial x}$$

如果 tr $J < 0$ 而 det $J > 0$，那么该点为 ESS 稳定点；如果 tr $J = 0$ 而 det $J < 0$，则该点为鞍点；否则为不稳定点。

其中：

$$\frac{\partial F(x)}{\partial x} = (1 - 2x)\left[-C_g + yR_g + (1 - y)k(Q - Q_g) \right],$$

$$\frac{\partial F(x)}{\partial y} = x(1 - x)\left[R_g - k(Q - Q_g) \right],$$

$$\frac{\partial F(y)}{\partial x} = y(1 - y)k(Q - Q_g),$$

$$\frac{\partial F(y)}{\partial y} = (1 - 2y)\left\{ xk(Q - Q_g) - \left[C_c - R_c - \theta(Q - Q^*) \right] \right\}。$$

分别将均衡点 $A(0,0)$、$B(1,0)$、$C(0,1)$、$D(1,1)$、$E(x^*,y^*)$ 代入 det J 和 tr J，得到：

$$A: \mathrm{det}J = \left[-C_g + k(Q - Q_g) \right] \times \left[R_c - C_c + \theta(Q - Q^*) \right],$$

$$\mathrm{tr}J = -C_g + k(Q - Q_g) + (R_c - C_c) + \theta(Q - Q^*)$$

$$B: \mathrm{det}J = \left[C_g - k(Q - Q_g) \right] \times \left[k(Q - Q_g) + (R_c - C_c) + \theta(Q - Q^*) \right],$$

$$\mathrm{tr}J = C_g + \left[(R_c - C_c) + \theta(Q - Q^*) \right]$$

$$C: \mathrm{det}J = (R_g - C_g) \times \left[C_c - R_c - \theta(Q - Q^*) \right],$$

$$\mathrm{tr}J = (R_g - C_g) + \left[C_c - R_c - \theta(Q - Q^*) \right]$$

$$D: \det J = (R_g - C_g) \times [k(Q - Q_g) + (R_c - C_c) + \theta(Q - Q^*)],$$
$$\text{tr}J = (R_g - C_g) + [k(Q - Q_g) + (R_c - C_c) + \theta(Q - Q^*)]$$
$$E: \det J = -x^* y^* \times (1 - x^*)(1 - y^*) \times [R_g - k(Q - Q_g)] \times k(Q - Q_g)$$
$$\text{tr}J = 0$$

根据雅克比矩阵的局部稳定性判定系统是否有演化稳定点。只有当系统的雅克比矩阵的行列式为正值且迹为负值时，该点才具有局部稳定性，是演化稳定点；当矩阵的行列式为 0 时，该点为鞍点；否则该点为不稳定点。通过计算可知，系统有 5 个复制动态稳定点，其中稳定点为 $A(0,0)$ 和 $D(1,1)$，鞍点为 $E(x^*, y^*)$。具体演化结果如图 5-1 所示。

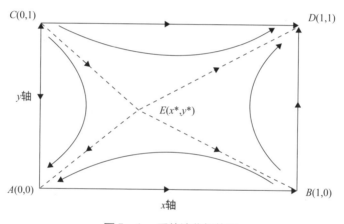

图 5-1   系统演化相位图

从图 5-1 中还能发现，企业和政府的演化方向一致，或共同合作进行减量化活动，或消极不作为。因此，为使政府向检查方向演化、企业向减量化方向演化，政府需要采取措施提高系统向 $D(1,1)$ 方向演化的概率，可以通过降低 $[C_g - k(Q - Q_g)]/[R_g - k(Q - Q_g)]$ 和 $[C_c - R_c - \theta(Q - Q^*)]/k(Q - Q_g)$ 的方式实现，主要从四个方面实现：

政府降低检查成本 C_g、降低企业因减量化活动而增加的成本 C_c，第 3 章中已经对这两类因素进行了分析，并发现降低企业因减量化活动而增加的成本 C_c 对企业的行为影响比降低检查成本 C_g 对政府的行为影响大。政府可根据调整这两类因素的难易程度，选择容易调整的因素，实现建筑垃圾的减量化目标。

　　政府可提高排污费费率 θ 的大小。排污费费率越高，企业减量化后上交的排污费就越少，企业越趋于向减量化方向演化。

　　政府可适当提高罚款 $k(Q-Q_g)$ 的大小。可以从两个方面进行调整：提高罚款比率 k、压低政府规定的建筑垃圾排放标准 Q_g。但需要保证罚款 $k(Q-Q_g)$ 小于政府的检查成本 C_g，且建筑垃圾排放上限 Q_g 最小为企业进行减量化后的建筑垃圾排放量 Q^*。因此政府在制定标准之前，需要对企业的减排水平进行详细了解，使规定的标准贴近企业减排后的排放量，如此才能够引导企业进行减量化活动。

5.2.5　排污费制度下收益函数的变化对政企演化路径的影响

　　可以看出，提高排污费费率 θ 或罚款比率 k、降低企业排放量标准 Q_g 都会使企业向减量化方向演化，但二者对企业演化速率的影响可能不同。对影响大的因素进行调整可以使企业更快地达到"减量化"的稳定状态。通过分析已知，减小 $[C_g-k(Q-Q_g)]/[R_g-k(Q-Q_g)]$ 和 $[C_c-R_c-\theta(Q-Q^*)]/k(Q-Q_g)$ 可以使企业向减量化方向演进的可能性提高。下面分析哪种因素的变化对企业向减量化方向演化的影响更大。

　　将 $x^* = [C_c-R_c-\theta(Q-Q^*)]/k(Q-Q_g)$ 视为由变量 θ、变量 k 和变量 Q_g 组成的函数，分别对 θ、k 和 Q_g 求一阶偏导数，结果如下：$\partial x^*/\partial\theta = -(Q-Q^*)/k(Q-Q_g)$，$\partial x^*/\partial k = [C_c-R_c-\theta(Q-Q^*)]/-k^2(Q-Q_g)$，$\partial x^*/\partial Q_g = [C_c-R_c-\theta(Q-Q^*)]/k(Q-Q_g)^2$，表明 θ、k 的增加会使 x^* 减小，Q_g 的减少会使 x^* 减小，从而使政府检查比例落在 $(x^*,1)$ 的可能性更大，企业向减量化方向演化的可能性越大。

　　比较 $\partial x^*/\partial k$ 与 $\partial x^*/\partial Q_g$ 的大小：

$$\left|\frac{\partial x^*}{\partial k}\right| - \left|\frac{\partial x^*}{\partial Q_g}\right| = \frac{C_c-R_c-\theta(Q-Q^*)}{k^2(Q-Q_g)^2}[(Q-Q_g)-k]$$

　　因此当 $Q-Q_g > k$ 时，$\left|\dfrac{\partial x^*}{\partial k}\right| > \left|\dfrac{\partial x^*}{\partial Q_g}\right|$，罚款比率 k 的变化对 x^* 的影响更大；

当 $Q-Q_g < k$ 时，$\left|\dfrac{\partial x^*}{\partial k}\right| < \left|\dfrac{\partial x^*}{\partial Q_g}\right|$，建筑垃圾排放量上限 Q_g 的变化对 x^* 的影响更

大；当 $Q - Q_\mathrm{g} = k$ 时，$\left| \dfrac{\partial x^*}{\partial k} \right| = \left| \dfrac{\partial x^*}{\partial Q_\mathrm{g}} \right|$，二者的变化对 x^* 的影响相似。

比较 $\dfrac{\partial x^*}{\partial k}$ 和 $\dfrac{\partial x^*}{\partial \theta}$ 的大小：

$$\left| \frac{\partial x^*}{\partial k} \right| - \left| \frac{\partial x^*}{\partial \theta} \right| = \frac{(Q - Q^*)}{k^2(Q - Q_\mathrm{g})}(C_\mathrm{c} - R_\mathrm{c} - \theta - k)，当 C_\mathrm{c} > R_\mathrm{c} + \theta + k 时，$$

$\left| \dfrac{\partial x^*}{\partial k} \right| > \left| \dfrac{\partial x^*}{\partial \theta} \right|$，罚款比率 k 的变化对 x^* 的影响更大；当 $C_\mathrm{c} < R_\mathrm{c} + \theta + k$ 时，

$\left| \dfrac{\partial x^*}{\partial k} \right| < \left| \dfrac{\partial x^*}{\partial \theta} \right|$，排污费费率 θ 的变化对 x^* 的影响更大；当 $C_\mathrm{c} = R_\mathrm{c} + \theta + k$ 时，

$\left| \dfrac{\partial x^*}{\partial k} \right| = \left| \dfrac{\partial x^*}{\partial \theta} \right|$，二者的变化对 x^* 的影响相似。

比较 $\dfrac{\partial x^*}{\partial Q_\mathrm{g}}$ 和 $\dfrac{\partial x^*}{\partial \theta}$ 的大小：

$$\left| \frac{\partial x^*}{\partial Q_\mathrm{g}} \right| - \left| \frac{\partial x^*}{\partial \theta} \right| = \frac{(Q - Q^*)}{k^2(Q - Q_\mathrm{g})}(C_\mathrm{c} - R_\mathrm{c} - \theta - 1)$$

当 $C_\mathrm{c} > R_\mathrm{c} + \theta + 1$ 时，$\left| \dfrac{\partial x^*}{\partial Q_\mathrm{g}} \right| > \left| \dfrac{\partial x^*}{\partial \theta} \right|$，建筑垃圾排放量上限 Q_g 的变化对 x^* 的影响更大；当 $C_\mathrm{c} < R_\mathrm{c} + \theta + 1$ 时，$\left| \dfrac{\partial x^*}{\partial Q_\mathrm{g}} \right| < \left| \dfrac{\partial x^*}{\partial \theta} \right|$，排污费费率 θ 的变化对 x^* 的影响更大；当 $C_\mathrm{c} = R_\mathrm{c} + \theta + 1$ 时，$\left| \dfrac{\partial x^*}{\partial Q_\mathrm{g}} \right| = \left| \dfrac{\partial x^*}{\partial \theta} \right|$，二者的变化对 x^* 的影响相似。

根据上述研究结果，得到结论 5.1 如下。

结论 5.1：当企业有向"不减量化"方向演化的趋势时，排污费费率 θ 和罚款比率 k 的增加、建筑垃圾排放量上限 Q_g 的减少都可以改变企业的演化方向，使企业向"减量化"方向演化。通过比较 $Q - Q_\mathrm{g}$ 与 k、C_c 与 $R_\mathrm{c} + \theta + k$、$C_\mathrm{c}$ 与 $R_\mathrm{c} + \theta + 1$ 之间的大小关系，确定对企业建筑垃圾减量化行为影响最大的因素。

具体的情况见表 5-2，其中，满足条件中的不等式记为 1，不满足则记为 0，共有 6 种情况，其中若满足（a）$Q - Q_\mathrm{g} > k$、$C_\mathrm{c} < R_\mathrm{c} + \theta + k$、$C_\mathrm{c} > R_\mathrm{c} + \theta + 1$ 和（b）$Q - Q_\mathrm{g} < k$、$C_\mathrm{c} > R_\mathrm{c} + \theta + k$、$C_\mathrm{c} < R_\mathrm{c} + \theta + 1$，则不符合前提假设，故排除。

解释排除（a）$Q - Q_\mathrm{g} > k$、$C_\mathrm{c} < R_\mathrm{c} + \theta + k$、$C_\mathrm{c} > R_\mathrm{c} + \theta + 1$ 这一情况的原因。

因为 $C_c > R_c + \theta + 1$，即 $R_c - C_c + \theta + 1 < 0$。而模型成立的基本条件为 $R_c - C_c + \theta(Q - Q^*) + k(Q - Q_g) > 0$，即使当 $\theta(Q - Q^*) = \theta$、$k(Q - Q_g) = 1$ 时，该条件依然成立，否则企业必然会选择不进行减量化活动，探讨企业的行为变化是无意义的。因此 $C_c > R_c + \theta + 1$ 与基本条件不符，故排除。

解释排除（b）$Q - Q_g < k$、$C_c > R_c + \theta + k$、$C_c < R_c + \theta + 1$ 这一情况的原因。因为满足 $C_c > R_c + \theta + k$，即 $R_c - C_c + \theta + k < 0$。而模型成立的基本条件为 $R_c - C_c + \theta(Q - Q^*) + k(Q - Q_g) > 0$，即使当 $\theta(Q - Q^*) = \theta$、$k(Q - Q_g) = k$ 时，该条件依然成立，否则企业必然会选择不进行减量化活动，探讨企业的行为变化是无意义的。因此 $C_c > R_c + \theta + k$ 与基本条件不符，故排除。

对各类因素的影响度由 1 到 3 进行评分，其中 3 分为影响度最大的因素，1 分为影响度最小的因素。

罚款比率 k、排污费费率 θ 和排放量上限 Q_g 对 x^* 的影响度排序　　　　表 5 - 2

情形	条件 1 $Q - Q_g > k$	条件 2 $C_c > R_c + \theta + k$	条件 3 $C_c > R_c + \theta + 1$	影响度排序		
				罚款比率 k	排污费费率 θ	排放标准 Q_g
1	1	1	1	1	3	2
2	1	1	0	1	2	3
3	1	0	0	2	1	3
4	0	1	1	2	3	1
5	0	0	1	1	2	3
6	0	0	0	1	3	2

可以根据表 5 - 2 来确定使 x^* 变化速度最快的因素，并对这一因素进行调整，使企业更快地演化至减量化的稳定状态。由于政企的演化方向是一致的，当企业向减量化方向演化时，政府也会向检查方向演化，使系统演化至合作状态，而政府检查的目的是为了使企业进行减量化活动、在较短时间演化至完全减量化，并非使政府演化至完全检查所需时间最短。因此不讨论影响因素的变化对政府检查行为的影响。

5.3
排污费制度下政企博弈模型的模拟与分析

5.3.1 排污费制度下政企博弈系统稳定性的仿真与分析

为进一步验证模型及所得结论，并寻找对企业行为影响最大的因素，对演化进程进行模拟，假设 $R_c = 3$，$C_c = 8$，$R_g = 7$，$C_g = 5$，$k = 1.5$，$\theta = 1$，$Q_g = 3$，$Q^* = 2$，$Q = 6$，则 $(x^*, y^*) = \left(\dfrac{2}{9}, \dfrac{1}{5} \right)$。将上述变量输入仿真模型，运行后分别得到政府和企业的演化相位图，具体如图 5 – 2、图 5 – 3 所示。

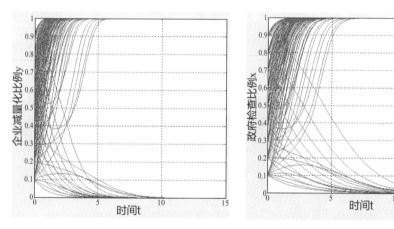

图 5 – 2　政府演化相位图　　　　　图 5 – 3　企业演化相位图

从图 5 – 2 和图 5 – 3 中可以看出，随着时间的增加，政府的演化结果分为两种：$x = 0$ 或 $x = 1$，即检查或不检查；企业的演化结果也分为两种：$y = 0$ 或 $y = 1$，即减量化或不减量化。下面分析系统演化方向和演化结果。将变量代入模型中，以政府检查比例 x 为横坐标、企业减量化比例 y 为纵坐标，绘制政企演化博弈相位图，具体如图 5 – 4 所示。

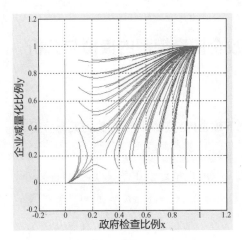

图 5 - 4　排污费制度下政企演化博弈相位图

从图 5 - 4 中可以看出，随着时间的增加，政府和企业都开始向 0 或 1 的方向演化，并最终演化至比例为 0 或比例为 1 的状态。政府和企业演化的最终状态取决于双方初始比例所在区域。政府与企业的演化方向保持一致，即双方或合作共同实现减量化，或不合作不进行减量化活动。政府和企业的演化博弈结果会出现两种情况：（政府检查，企业减量化）和（政府不检查，企业不减量化），对应的稳定点为 $A(0,0)$ 和 $D(1,1)$，即博弈双方或共同开展减量化活动，或消极不作为不进行减量化活动，演化结果与图 5 - 2、图 5 - 3 相符合，说明对系统稳定性的分析是正确的。

5.3.2　初始比例的改变对排污费制度下政企演化结果的影响分析

假设政府检查的比例和企业减量化的初始比例分别均为 0.1 和 0.3。将上述变量输入模型中，运行后得到该演化稳定策略的路径。具体结果如图 5 - 5 所示。

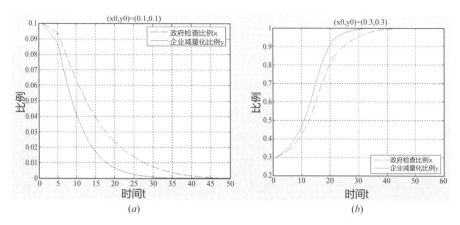

图5-5　初始比例仿真图

(a) 初始比例(0.1,0.1)仿真图；(b) 初始比例(0.3,0.3)仿真图

从图5-5中可以看出，仿真模拟的结果与分析结果一致，即政府和企业的演化结果与双方选择检查和减量化的初始比例有关。从图5-5（a）中可以判断出，当初始比例为（0.1，0.1）时，初始点位于四边形 ABEC 范围内，系统向（0，0）方向演化，即"不检查，不减量化"，与根据图5-1（系统演化结果相位图）判断所得的结果相一致；反之，从图5-5（b）中可以判断出，当初始比例为(0.3,0.3)时，初始点位于四边形 BDEC 范围内，因此存在系统向(1,1)方向演化，即"检查，减量化"，与根据图5-1（系统演化结果相位图）判断所得的结果相一致。

从图5-5中还可以看出，企业达到稳定策略的时间短于政府的演化时间，企业的演化速度较快，证明企业在博弈过程中的学习调整速度更快，具体表现为：当政府还没有完全不检查时，企业已经达到不减量化的稳定状态；当政府还没有完全进行检查时，企业已经达到减量化的稳定状态。政府检查比例发生的细微变化都会被企业发现并放大，这表明政府的策略选择是影响企业减量化行为的重要因素，因此政府只有提高检查的比例，不断观察企业行为的变化情况并对各类因素进行调整，才能够使企业向减量化方向演化。

5.3.3 排污费制度下收益函数的变化对演化结果的影响

为验证罚款比率 k、排污费费率 θ 和建筑垃圾排放标准 Q_g 对企业演化方向的影响，验证结论 4.1 的正确性，对系统进行模拟。假设 $R_c=3$，$C_c=5.4$，$R_g=5$，$C_g=3.2$，$k=2$，$\theta=1$，$Q_g=5$，$Q^*=4.5$，$Q=6$，$(x_0,y_0)=(0.4,0.4)$。比较 $Q-Q_g$ 与 k、C_c 与 $R_c+\theta+k$、C_c 与 $R_c+\theta+1$ 之间的大小，发现 $Q-Q_g<k$，$C_c<R_c+\theta+k$，$C_c>R_c+\theta+1$，根据表 5-2 可知，初始条件符合"情形 5"，因此建筑垃圾排放上限 Q_g 的变化对企业行为的影响最大，排污费费率 θ 的影响次之，罚款比率 k 的影响最小。

为验证结论 5.1 的正确性，分别将罚款比率 k 和排污费费率 θ 上调 0.5、建筑垃圾排放上限 Q_g 降低 0.5，模拟这三类影响因素的变化对企业演化方向的影响，并研究这三类因素的变化是否会对政府检查行为造成不利影响。具体模拟结果如图 5-6 和图 5-7 所示。

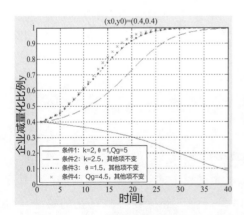

图 5-6 影响因素的变化对
企业行为的影响

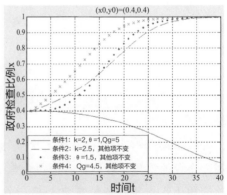

图 5-7 影响因素的变化对
政府行为的影响

从图 5-6 中可以看出，影响因素的变化使企业的演化方向发生了变化，使企业的演化方向从不减量化转变为减量化，并且发现，变量变化对企业演化速度的影响如下：建筑垃圾排放上限 Q_g 的影响最大，排污费费率 θ 的影响次之，罚款比率 k 的影响最小。图 5-7 验证了结论 5.1 的正确性，政府根据表 5-2 比较各变量之间的关系，寻找出对企业减量化行为影响最大的因素，并对这一因素进行调整。

从图 5 - 7 中可以看出，罚款比率 k、排污费费率 θ 和建筑垃圾排放上限 Q_g 的变化在推动企业向减量化方向演化的同时，也使政府逐渐向检查方向演化，促进政企双方共同向合作的方向演化。

5.4
补贴制度下政企演化博弈分析

5.4.1　补贴制度下政企演化博弈模型建立

模型变量及解释如下：其中 R_g 为减量化施工为政府带来的社会收益；R_c 为企业进行减量化施工时可以获得直接的经济效益；C_c 为企业因实现减量化而增加的成本；C_g 为政府的检查成本；Q 为企业未进行减量化管理的建筑垃圾排放量；Q_g 为政府规定的建筑垃圾排放量上限；Q^* 为企业进行减量化管理后的建筑垃圾排放量；θ 为建筑垃圾排污费率；b 为单位补贴，因此减量化企业可获得的政府补贴为 $b(Q_g - Q^*)$；x 为政府检查的比例；y 为企业减量化的比例。这些变量的具体意义与前文论述的意义相同，在此不再赘述。主要对单位补贴 b 和排污费费率 θ 进行解释。

在补贴制度中，继续考虑排污费对政企双方演化行为的影响。原因有二，一是根据"污染者付费，处理者获利"这一原则，不管企业是否实现了减量化目标，只要企业排放了建筑垃圾，就需要对自己的排放行为付出代价，不能因为企业进行了减量化活动就可以认为企业没有排放建筑垃圾、就不用缴纳排污费。二是因为在市场机制下，建筑垃圾具有负外部性，企业排放建筑垃圾会对环境造成负面影响，企业需要承担排放建筑垃圾造成的后果、需要为自己的排放行为付出代价，因此政府向企业征收排污费，使外部性内在化。因此，模型中必须要考虑排污费这一因素。

同5.2中的排污费收取方式相同，排污费与企业的排放量有关，计算方式为排污费费率乘以企业的建筑垃圾排放量。进行了减量化活动的企业就可以少交排污费，减少成本支出，同时在补贴制度下，进行减量化活动的企业还可以获得政府给予的经济帮助，而不减量化的企业也不会受到额外的惩罚，这种情况可以认为是最理想的。补贴制度中不对未减量化的企业收取罚款，只对表现好的企业进行奖励，与排污费制度的强制性不同，补贴制度使得企业有较大的自主选择性，分析在这种条件下观察政府和企业选择的策略和演化的结果。

根据上述分析，可以得到政企的支付矩阵，见表5-3。

补贴制度下政府与企业支付矩阵　　　　　　　　表5-3

		企业	
		减量化	不减量化
政府	检查	u_1，v_1	u_2，v_2
	不检查	u_3，v_3	u_4，v_4

不同策略下政府和企业的支付函数表示如下：

（1）在（检查，减量化）的情况下，政府和企业的收益分别为：$u_1 = R_g - C_g + \theta Q^* - b(Q_g - Q^*)$，$v_1 = R_c - C_c - \theta Q^* + b(Q_g - Q^*)$。

（2）在（检查，不减量化）的情况下，政府和企业的收益分别为：$u_2 = -L_g - C_g + \theta Q$，$v_2 = -\theta Q$。

（3）在（不检查，减量化）的情况下，政府和企业的收益分别为：$u_3 = \theta Q^*$，$v_3 = R_c - C_c - \theta Q^*$。

（4）在（不检查，不减量化）的情况下，政府和企业的收益分别为：$u_4 = -L_g + \theta Q$，$v_4 = -\theta Q$。

5.4.2　补贴制度下模型的基本假设

分析企业的收益函数，结合支付矩阵，可知 $v_1 > v_2$，$v_3 < v_4$，即政府检查时，

企业会减量化施工，否则政府的检查行为不能够使企业的生产方式发生改变，即政府的减排政策无效。政府不检查时，企业不会进行减量化施工，否则无论政府是否检查，企业都会选择减量化，这与实际相悖。

分析政府的收益函数，结合支付矩阵，可知 $u_1 > u_3$，$u_2 < u_4$，因为由实际经验可知，当企业进行减量化活动时，政府对企业行为进行检查可使政府获得减量化带来的社会收益。相反，当企业不进行减量化活动时，意味着政府的减量化政策和惩罚制度对企业排放行为的约束无效，需要从其他方面对建筑垃圾进行管理，此时政府就会选择不对企业的排放量进行检查，对建筑垃圾进行末端治理，退而求其次地将精力放在建筑垃圾处理和再利用方面，提高建筑垃圾的使用率。

当 $v_1 > v_2$，$v_3 < v_4$，$u_1 > u_3$，$u_2 < u_4$ 时，即当 $R_c - C_c + \theta(Q - Q^*) + b(Q_g - Q^*) > 0$，$R_c - C_c + \theta(Q - Q^*) < 0$，$R_g - C_g - b(Q_g - Q^*) > 0$ 时，不存在占优策略。演化博弈分析都是基于这些条件。

对上述条件进行分析，判断其合理性。

（1）与企业相关的条件：$R_c - C_c + \theta(Q - Q^*) + b(Q_g - Q^*) > 0$，$R_c - C_c + \theta(Q - Q^*) < 0$。

结合实际情况可知，政府不检查时，企业不会进行减量化活动，因为即使企业减量化可以少交排污费，可以获得减量化带来的经济效益，但仍然无法弥补企业减量化投入的成本，因此 $R_c - C_c + \theta(Q - Q^*) < 0$；政府检查时，企业为得到减排补贴、为节省排污费的支出，会进行减量化活动，因此 $R_c - C_c + \theta(Q - Q^*) + b(Q_g - Q^*) > 0$。

（2）与政府相关的条件：$R_g - C_g - b(Q_g - Q^*) > 0$。

从表达式中可以看出，政府因减量化获得的社会收益 R_g 一定要大于政府为推动企业减量化活动所投入的成本，这部分的成本包括政府检查成本 C_g 和政府提供的补贴 $b(Q_g - Q^*)$，这样，政府才会更有动力引导企业进行建筑垃圾减量化活动。

5.4.3　补贴制度下政企演化博弈模型构建

设政府检查与不检查的期望收益分别为 E_g^1 和 E_g^2，政府的平均期望收益为 $\overline{E_g}$，可得：

$$E_g^1 = yu_1 + (1-y)u_2 = y[R_g - C_g + \theta Q^* - b(Q_g - Q^*)] + (1-y)(-L_g - C_g + \theta Q)$$

$$E_g^2 = yu_3 + (1-y)u_4 = y\theta Q^* + (1-y)(-L_g + \theta Q)$$

$$\overline{E_g} = xE_g^1 + (1-x)E_g^2$$

$$F(x) = dx/dt = x(E_g^1 - \overline{E_g}) = x(1-x)\{y[R_g - b(Q_g - Q^*)] - C_g\}$$

政府的复制动态方程为：

求 $F(x)$ 关于 x 的一阶导数，得到：

$$F'(x) = (1-2x)\{y[R_g - b(Q_g - Q^*)] - C_g\}$$

令 $dx/dt = 0$，则 $x^* = 0$，$x^* = 1$，或者 $y^* = C_g/[R_g - b(Q_g - Q^*)]$。下面对政府演化稳定策略进行讨论。由于 $R_c - C_c + \theta(Q - Q^*) + b(Q_g - Q^*) > 0$，因此 $y^* \in (0,1)$。当 $y = y^*$ 时，总有 $F(x) = 0$，所有的 $x \in [0,1]$ 都可能是演化稳定策略。这表示当企业选择进行减量化活动的比例为 $C_g/[R_g - b(Q_g - Q^*)]$ 时，政府选择"检查"和"不检查"的期望收益是相似的，因此政府会维持现状不变。政府的决策结果可能受到政策规定、经济发展、生态环境和社会环境的状况等相关因素的影响。

当 $y \neq y^*$ 时，稳定策略需满足 $F(x) = 0$ 和 $F'(x) < 0$。当 $y < y^*$ 时，$F'(0) < 0$，$F'(1) > 0$，$x = 0$ 是稳定策略，即政府将选择不检查。这表明当企业进行减量化的比例小于 $C_g/[R_g - b(Q_g - Q^*)]$ 时，从实际出发，此时企业进行减量化的比例较小，企业可能会采取谎报的方式来逃避政府的检查并获得补贴，或者补贴过少，无法调动企业进行减量化活动的积极性，企业保持原有生产模式不变。长此以往，政府的检查行为处于无效果的状态，最终政府就会趋向于不对建筑企业的排放行为进行检查，转而对建筑垃圾的处理方式和利用方式进行规定，以减少建筑垃圾最终的排放量。因此当进行建筑垃圾减量化活动的企业较少时，政府会倾向于选择"不检查"这一策略。

相反，当 $y > y^*$ 时，$F'(0) > 0$，$F'(1) < 0$，$x = 1$ 是稳定策略，政府将选择检查。这表明当企业进行减量化的比例大于 $C_g/[R_g - b(Q_g - Q^*)]$ 时，政府采取检查策略所获得的收益要高于不检查所获得的收益。政府对企业行为进行检查可以获得减量化带来的社会收益，而且这部分的社会收益可以弥补政府的检查成本。

尽管需要对减量化企业发放补贴，但政府更看重因减量化带来的社会收益。因此当进行建筑垃圾减量化活动的企业较多时，政府会倾向于选择"检查"这一策略。

设企业减量化施工和不减量化施工的期望收益分别为 E_c^1 和 E_c^2，企业的平均期望收益为 $\overline{E_c}$，可得：

$$E_c^1 = xv_1 + (1-x)v_3 = R_c - C_c - \theta Q^* + xb(Q_g - Q^*)$$

$$E_c^2 = xv_2 + (1-x)v_4 = -\theta Q$$

$$\overline{E_c} = yE_c^1 + (1-y)E_c^2$$

企业的复制动态方程为：

$$F(y) = dy/dt = y(E_c^1 - \overline{E_c}) = y(1-y)\{xb(Q_g - Q^*) - [C_c - R_c - \theta(Q - Q^*)]\}$$

求 $F(y)$ 关于 y 的一阶导数，得到：

$$F'(y) = (1-2y)\{xb(Q_g - Q^*) - [C_c - R_c - \theta(Q - Q^*)]\}$$

令 $dy/dt = 0$，则 $y^* = 0$，$y^* = 1$，或者 $x^* = [C_c - R_c - \theta(Q - Q^*)]/b(Q_g - Q^*)$。因为 $R_c - C_c + \theta(Q - Q^*) + b(Q_g - Q^*) > 0$，$R_c - C_c + \theta(Q - Q^*) < 0$，即 $0 < C_c - R_c - \theta(Q - Q^*) < b(Q_g - Q^*)$，因此 $x^* \in (0,1)$。当政府检查的概率 $x = x^*$ 时，总有 $F'(y) = 0$，企业无论是否进行减量化施工，获得的收益均不发生变化，因此企业会维持现状不变。此时企业最终是否会选择减量化取决于企业的社会责任感及经营理念等方面的因素。

当政府进行检查的概率 $x > x^*$ 时，$F'(0) > 0$，$F'(1) < 0$，$y = 1$ 是稳定策略，企业选择减量化。这表明当政府检查的比例大于 $[C_c - R_c - \theta(Q - Q^*)]/b(Q_g - Q^*)$ 时，企业减量化的期望收益高于不减量化的期望收益，此时"减量化"是占优策略。从实际考虑，当政府检查比例较大时，企业不进行减量化活动就很容易被发现，此时不仅需要多交排污费，还可能得不到补贴，而且对企业的形象也会有不好的影响，在这种情况下选择不减量化的企业比例就会减少，最终选择"减量化"策略。

当政府进行检查的概率 $x < x^*$ 时，$F'(0) < 0$，$F'(1) > 0$，$y = 0$ 是稳定策略，企业选择不减量化。这表明当政府检查的比例小于 $[C_c - R_c - \theta(Q - Q^*)]/$

$b(Q_g - Q^*)$ 时，企业不减量化的期望收益高于减量化的期望收益，此时"不减量化"是占优策略。这是因为当政府大部分采取"不检查"的策略时，企业会发现，即使不进行减量化活动也很难被发现，而且还能得到补贴，因此经过长期的学习和模仿，企业为节省减量化需要投入的成本，最终会选择"不减量化"。

5.4.4 补贴制度下政企博弈系统稳定性分析

利用雅克比矩阵，计算局部均衡点的行列式和迹，判断均衡点的局部稳定性。雅克比矩阵的表达式为：

$$J = \begin{bmatrix} \dfrac{\partial F(x)}{\partial x} & \dfrac{\partial F(x)}{\partial y} \\ \dfrac{\partial F(y)}{\partial x} & \dfrac{\partial F(y)}{\partial y} \end{bmatrix}$$

通过计算雅克比矩阵的迹 $\mathrm{tr}\,J$ 和行列式 $\det J$，判断矩阵的迹与行列式的正负来确定该点是否稳定，其中：

$$\mathrm{tr}J = \frac{\partial F(x)}{\partial x} + \frac{\partial F(y)}{\partial y}, \det J = \frac{\partial F(x)}{\partial x} \times \frac{\partial F(y)}{\partial y} - \frac{\partial F(x)}{\partial y} \times \frac{\partial F(y)}{\partial x}$$

如果 $\mathrm{tr}\,J < 0$ 而 $\det J > 0$，那么该点为 ESS 稳定点；如果 $\mathrm{tr}\,J = 0$ 而 $\det J < 0$，则该点为鞍点；否则为不稳定点。

其中：

$$\frac{\partial F(x)}{\partial x} = (1 - 2x)\{y[R_g - b(Q_g - Q^*)] - C_g\},$$

$$\frac{\partial F(x)}{\partial y} = x(1 - x)[R_g - b(Q_g - Q^*)],$$

$$\frac{\partial F(y)}{\partial x} = y(1 - y)b(Q_g - Q^*),$$

$$\frac{\partial F(y)}{\partial y} = (1 - 2y)\{xb(Q_g - Q^*) - [C_c - R_c - \theta(Q - Q^*)]\}。$$

分别将均衡点 $A(0,0)$、$B(1,0)$、$C(0,1)$、$D(1,1)$、$E(x^*, y^*)$ 代入 $\det J$ 和 $\mathrm{tr}\,J$，得到：

$$A: \det J = (-C_g) \times [R_c - C_c + \theta(Q - Q^*)],$$

$$trJ = -C_g + (R_c - C_c) + \theta(Q - Q^*)$$

$$B: \det J = C_g \times \{ b(Q_g - Q^*) - [C_c - R_c - \theta(Q - Q^*)] \},$$

$$trJ = C_g + \{ b(Q_g - Q^*) - [C_c - R_c - \theta(Q - Q^*)] \}$$

$$C: \det J = [R_g - b(Q_g - Q^*) - C_g] \times [C_c - R_c - \theta(Q - Q^*)],$$

$$trJ = [R_g - b(Q_g - Q^*) - C_g] + [C_c - R_c - \theta(Q - Q^*)]$$

$$D: \det J = [C_g - R_g + b(Q_g - Q^*)] \times [C_c - R_c - \theta(Q - Q^*) - b(Q_g - Q^*)],$$

$$trJ = [C_g - R_g + b(Q_g - Q^*)] + [C_c - R_c - \theta(Q - Q^*) - b(Q_g - Q^*)]$$

$$E: \det J = -x^* y^* \times (1 - x^*)(1 - y^*) \times [R_g - b(Q_g - Q^*)] \times b(Q_g - Q^*)$$

$$tr \, J = 0$$

根据雅克比矩阵的局部稳定性判定系统是否有演化稳定点。只有当系统的雅克比矩阵的行列式为正值且迹为负值时，该点才具有局部稳定性，是演化稳定点；当矩阵的行列式为 0 时，该点为鞍点；否则该点为不稳定点。通过计算可知，系统有 5 个复制动态稳定点，其中稳定点为 $A(0,0)$ 和 $D(1,1)$，鞍点为 $E(x^*, y^*)$。

从研究结果中还能发现，企业和政府的演化方向一致，或共同合作进行减量化活动，或消极不作为。因此，为使政府向检查方向演化、企业向减量化方向演化，政府需要采取措施提高系统向 $D(1,1)$ 方向演化的概率，可以通过降低 $[C_c - R_c - \theta(Q - Q^*)]/b(Q_g - Q^*)$ 和 $C_g/[R_g - b(Q_g - Q^*)]$ 的方式实现，这里主要讨论补贴 $b(Q_g - Q^*)$ 的变化对双方演化方向的影响。

5.4.5 补贴函数的变化对政企演化路径的影响

首先比较补贴 $b(Q_g - Q^*)$ 对企业减量化行为的影响。政府可以通过调整单位补贴 b 和建筑垃圾排放量上限 Q_g 这两个因素来调动企业进行建筑垃圾减量化活动的积极性。根据 $R_c - C_c + \theta(Q - Q^*) + b(Q_g - Q^*) > 0$ 和 $R_g - C_g - b(Q_g - Q^*) > 0$ 这两个条件，发现补贴 $b(Q_g - Q^*)$ 的范围应符合如下条件：$b(Q_g - Q^*) \in (C_c - R_c - \theta(Q - Q^*), R_g - C_g)$。可以看出，补贴 b 的增加和建筑垃圾排放量上限 Q_g 的增加都使企业向减量化方向演化，但政府会向不检查的方向演化，增加补贴、降低排放标准可以调动企业减量化的积极性，但政府进行检查的积极性会受到影响。因此，在进行调整时，要保证政府向检查方向演化为前提。

比较调整单位补贴 b 和建筑垃圾排放量上限 Q_g 这两个因素对企业行为的影响程度。将 $x^* = [C_c - R_c - \theta(Q - Q^*)]/b(Q_g - Q^*)$ 视为由变量 b 和 Q_g 组成的函数，则 $\partial x^*/\partial b = -[C_c - R_c - \theta(Q - Q^*)]/b^2(Q_g - Q^*)$，$\partial x^*/\partial Q_g = -[C_c - R_c - \theta(Q - Q^*)]/b(Q_g - Q^*)^2$，$\partial x^*/\partial b$ 和 $\partial x^*/\partial Q_g$ 均小于 0，即单位补贴 b 和建筑垃圾排放量上限 Q_g 的增加会使企业逐步趋向于选择减量化策略。比较 x^* 随 b 和 Q_g 的变化速度。$\left|\frac{\partial x^*}{\partial b}\right| - \left|\frac{\partial x^*}{\partial Q_g}\right| = \frac{C_c - R_c - \theta(Q - Q^*)}{b^2(Q_g - Q^*)^2}(Q_g - Q^* - b)$。由 $x^* \in (0,1)$ 和 $Q_g \geqslant Q^*$ 这两个条件可知，$[C_c - R_c - \theta(Q - Q^*)]/b^2(Q_g - Q^*)^2 > 0$，因此 $\left|\frac{\partial x^*}{\partial b}\right|$ 和 $\left|\frac{\partial x^*}{\partial Q_g}\right|$ 之间的关系取决于 $Q_g - Q^*$ 和 b 的大小。如果 $Q_g - Q^* > b$，则 $\left|\frac{\partial x^*}{\partial b}\right| > \left|\frac{\partial x^*}{\partial Q_g}\right|$，调整单位补贴 b 对企业行为的影响更大；如果 $Q_g - Q^* < b$，则 $\left|\frac{\partial x^*}{\partial b}\right| < \left|\frac{\partial x^*}{\partial Q_g}\right|$，调整建筑垃圾排放量上限 Q_g 对企业行为的影响更大；如果 $Q_g - Q^* = b$，则 $\left|\frac{\partial x^*}{\partial b}\right| = \left|\frac{\partial x^*}{\partial Q_g}\right|$，调整单位补贴 b 和建筑垃圾排放量上限 Q_g 对企业行为的影响程度相似。需要说明的是，在实际应用过程中，要将单位补贴 b、建筑垃圾排放量上限 Q_g 和企业进行减量化活动后的建筑垃圾排放量 Q^* 调整至同一数量级，否则通过比较 $Q_g - Q^*$ 和 b 的大小来确定对企业减排行为影响最大的因素将失去意义。

由于单位补贴 b 和建筑垃圾排放量上限 Q_g 这两个因素的变化也会对政府的检查行为造成影响，因此将 $y^* = C_g/[R_g - b(Q_g - Q^*)]$ 视为由变量 b 和 Q_g 组成的函数，则 $\partial y^*/\partial b = C_g/[R_g - b(Q_g - Q^*)]^2 \times (Q_g - Q^*)$，$\frac{\partial y^*}{\partial Q_g} = C_g/[R_g - b(Q_g - Q^*)]^2 \times b$，$\partial y^*/\partial b$ 和 $\partial y^*/\partial Q_g$ 均大于 0，即单位补贴 b 和建筑垃圾排放量上限 Q_g 的增加会使政府逐步趋向于选择不检查策略，这不利于建筑垃圾减量化目标的实现。比较 y^* 随 b 和 Q_g 的变化速度。$\left|\frac{\partial y^*}{\partial b}\right| - \left|\frac{\partial y^*}{\partial Q_g}\right| =$

$\dfrac{C_g}{[R_g - b(Q_g - Q^*)]^2} \times [(Q_g - Q^*) - b]$。由 $y^* \in (0,1)$ 和 $R_g - C_g - b(Q_g - Q^*) > 0$ 这两个条件可知，$[C_c - R_c - \theta(Q - Q^*)]/b^2(Q_g - Q^*)^2 > 0$，与 x^* 随 b 和 Q_g 的变化结果相似，$\left|\dfrac{\partial y^*}{\partial b}\right|$ 和 $\left|\dfrac{\partial y^*}{\partial Q_g}\right|$ 之间的关系取决于 $Q_g - Q^*$ 和 b 的大小。

如果 $Q_g - Q^* > b$，则 $\left|\dfrac{\partial y^*}{\partial b}\right| > \left|\dfrac{\partial y^*}{\partial Q_g}\right|$，调整单位补贴 b 对政府行为的影响更大；如果 $Q_g - Q^* < b$，则 $\left|\dfrac{\partial y^*}{\partial b}\right| < \left|\dfrac{\partial y^*}{\partial Q_g}\right|$，调整建筑垃圾排放量上限 Q_g 对政府行为的影响更大；如果 $Q_g - Q^* = b$，则 $\left|\dfrac{\partial x^*}{\partial b}\right| = \left|\dfrac{\partial x^*}{\partial Q_g}\right|$，调整单位补贴 b 和建筑垃圾排放量上限 Q_g 对政府行为的影响程度相同。

根据上述的研究结果，得到结论 5.2 如下。

结论 5.2：当企业有向"不减量化"方向演化的趋势时，单位补贴 b 和企业建筑垃圾排放量上限 Q_g 的减少都可以改变企业的演化方向，使企业向"减量化"方向演化，同时会使政府向"不检查"方向演化，最后导致演化结果不确定。

结论 5.2 表明，单位补贴 b 和建筑垃圾排放量上限 Q_g 的变化对政府和企业的行为选择有着反向影响：当提高单位补贴（b 增加）或降低建筑垃圾排放量上限（Q_g 增加）时，企业会向"减量化"方向演化，而政府会向"不检查"方向演化；当降低单位补贴（b 减少）或提高建筑垃圾排放量上限（Q_g 减少）时，企业会向"不减量化"方向演化，而政府会向"检查"方向演化。而前面的研究结果表明，企业和政府的演化方向是一致的，或共同合作进行减量化活动，或消极不作为，"检查，不减量化"和"不检查，减量化"这两类选择最终都要向"检查，减量化"或"不检查，不减量化"这两个方向演化，而最终演化结果是不确定的。具体结果见表 5-4。

从表 5-4 中可以看出，在补贴制度下，尽管可以通过比较 $Q_g - Q^*$ 和 b 的大小来确定对企业减排行为影响最大的因素，并对这一因素进行调整来引导企业进行减量化活动，但与此同时，该因素的变化可能会使政府向不检查的方向演化，这取决于政府检查的初始比例 x_0 和企业减量化的初始比例 y_0 与 (x^*, y^*) 的位置关系。

单位补贴 b 和建筑垃圾排放量上限 Q_g 变化的影响度排序及演化方向分析

表 5 - 4

情形	1		2		3	
条件	$Q_g - Q^* > b$		$Q_g - Q^* < b$		$Q_g - Q^* = b$	
主要影响因素	b		Q_g		影响相同	
主要影响因素变化	b 增加	b 减少	Q_g 增加	Q_g 减少	b 增加或 Q_g 增加	b 减少或 Q_g 减少
政府演化方向	不检查	检查	不检查	检查	不检查	检查
企业演化方向	减量化	减量化	减量化	不减量化	减量化	不减量化
系统演化结果	未知	未知	未知	未知	未知	未知

因此政府对单位补贴 b 或建筑垃圾排放量上限 Q_g 进行调整可能会使企业的演化方向背离预计方向，与排污费制度相比，尽管补贴制度会使企业主动寻找减量化途径，但政府需要承担决策失误带来的风险。这也是目前我国在处理污染排放问题中较少使用补贴制度的原因之一。

5.5
补贴制度下政企博弈模型的模拟与分析

5.5.1　补贴制度下政企博弈系统的稳定性分析

为进一步验证模型及所得结论，并寻找对企业行为影响最大的因素，对演化进程进行模拟，假设 $R_c = 3$，$C_c = 7$，$R_g = 7.5$，$C_g = 2$，$b = 3$，$\theta = 1$，$Q_g = 3$，$Q^* = 2$，$Q = 5$，则 $(x^*, y^*) = \left(\dfrac{1}{3}, \dfrac{4}{9} \right)$。将上述变量输入模型，运行后分别得到政府和企业的演化相位图，具体如图 5 - 8 和图 5 - 9 所示。

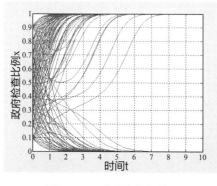

图5-8　政府演化相位图

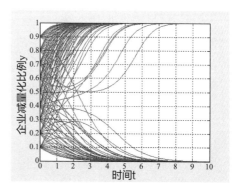

图5-9　企业演化相位图

从图5-8和图5-9中可以看出，随着时间的变化，政府的演化结果分为两种：$x = 0$ 或 $x = 1$，即检查或不检查；企业的演化结果也分为两种：$y = 0$ 或 $y = 1$，即减量化或不减量化。

下面分析政企博弈系统演化方向和演化结果。以政府检查比例 x 为横坐标、企业减量化比例 y 为纵坐标，绘制政企演化博弈相位图，具体如图5-10所示。

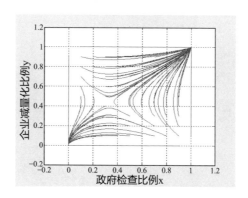

图5-10　补贴制度下政企演化相位图

由图5-10可知，该系统的演化稳定策略为 $(0,0)$ 和 $(1,1)$，鞍点为 $\left(\dfrac{1}{3},\dfrac{4}{9}\right)$。随着时间的变化，政府和企业都开始向 0 或 1 的方向演化，并最终演化至比例为 0 或比例为 1 的状态。演化结果与命令控制型环境政策工具下政企演化博弈结果和排污费制度下的政企博弈结果相似，即政府和企业演化的最终状态取决于双方初始比例所在区域。政府与企业的演化方向保持一致，即双方或合作共同实现减量化，或不合作不进行减量化活动。政府和企业的演化博弈结果会出现两种情况：（政府检查，企业减量化）和（政府不检查，企业不减量化），对应的稳定点为 $A(0,0)$ 和 $D(1,1)$，即博弈双方或共同开展减量化活动，或消极不作为不进行减量化活动。

5.5.2　初始比例的变化对补贴制度下政企演化结果的影响分析

假设政府检查的比例和企业减量化的初始比例分别均为 0.3 和 0.5。将上述变量输入模型中，运行后得到该演化稳定策略的路径。具体如图 5-11 所示。

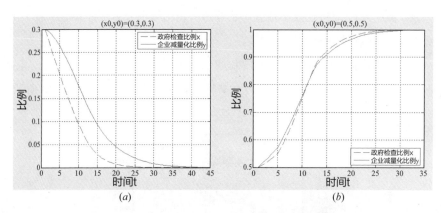

图 5-11　补贴制度下初始比例对政企演化结果的影响

（a）初始比例为（0.3,0.3）；　（b）初始比例为（0.5,0.5）

从图中 5-11 中可以看出，仿真模拟的结果与分析结果一致，即政府和企业的演化结果与双方选择检查和减量化的初始比例有关。当初始比例为（0.3,0.3）时，演化稳定策略为（0,0），即"不检查，不减量化"；当初始比例为（0.5,0.5）时，演化稳定策略为（1,1），即"检查，减量化"。

从图 5-11（a）中可看出，当政企双方消极对待建筑垃圾减量化政策时，即演化稳定策略为（0,0）时，政府到达"不检查"这一稳定状态所需时间短于企业达到"不减量化"这一稳定状态所需时间。而从图 5-11（b）中发现，政企双方向合作方向演化时，政府达到演化稳定状态所需时间与企业所需时间大致相同。

比较补贴制度下的政企演化过程与排污费制度下的政企演化过程，发现二者有所不同。排污费制度下企业的演化速度较快，说明在排污费制度下企业的学习调整速度更快，可以认为排污费制度对企业行为的影响更为明显，当政府进行检查时，企业能够较快地选择减量化策略，从而在较短时间内实现建筑垃圾减量化目标。但是，企业的学习调整速度快也存在着问题：当政府不进行检查时，企业也能够较快地调整策略，这就意味着一旦政府放松了对企业的检查，企业就很容易达到不减量化的稳定状态。这就要求在排污费制度下，政府需要不断地提高检查的初始比例，并观察企业的行为，继而作出及时的调整。排污费制度对政府的检查能力和监控能力提出了较高的要求。

相比于排污费制度，在补贴制度下，政府有更多的时间和机会对现有政策进行修改。从图 5-11（a）中可以看出，即使政府的检查比例过低，导致企业向不减量化方向演化，政府也有充足的时间发现这种趋势，并作出调整措施，这为政府修正措施、引导企业进行减量化活动提供了较长的机动时间。而且，从图 5-11（b）中可以看出，当政企双方向"检查，减量化"方向演化时，政企的演化路径和演化时间大致相同。当政府对检查能力和监控能力没有把握时，就可以采用补贴制度。

5.5.3 补贴制度下收益函数的变化对演化结果的影响

假设 $R_c = 3$，$C_c = 7$，$R_g = 7.5$，$C_g = 2$，$b = 3$，$\theta = 1$，$Q_g = 3$，$Q^* = 2$，$Q = 5$，$(x_0, y_0) = (0.4, 0.4)$，由于 $Q_g - Q^* < b$，根据表 4-4 可知，建筑垃圾排放量上限 Q_g 的变化对政企双方的影响较大。又因为 $(x^*, y^*) = \left(\frac{1}{3}, \frac{4}{9}\right)$，根据图 5-1（系统演化相位图）可知，初始点位于四边形 $BDCE$ 范围内，系统最终的演化结果为 $(1,1)$，即"检查，减量化"。在此条件下，比较单位减排补贴 b 的变化和建筑垃圾排放量上限 Q_g 的变化对企业演化行为的影响，验证结论 5.2 的准确性。分别将单位补贴 b 和建筑垃圾排放量上限 Q_g 上下调整 0.5，模拟这两类影响因素的变化对企业演化方向的影响，并研究这两类因素的变化是否会对政府检查行为造成

不利影响。具体模拟结果如图 5 – 12 和图 5 – 13 所示。

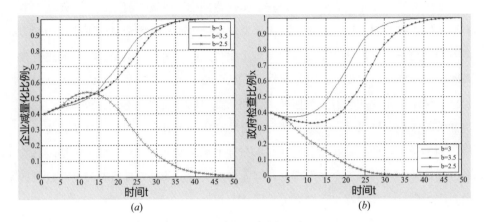

图 5 – 12　单位补贴 b 的变化对政府和企业演化行为的影响

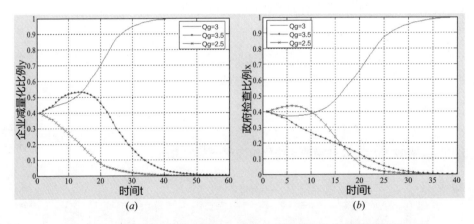

图 5 – 13　建筑垃圾排放量上限 Q_g 的变化对政府和企业演化行为的影响

对比图 5 – 12 和图 5 – 13，可以发现建筑垃圾排放量上限 Q_g 的变化对系统演化结果的影响更大。从图 5 – 13 中可以看出，当政府和企业向（1,1）方向演化时（初始条件，$Q_g = 3$），对建筑垃圾排放量上限 Q_g 作出的调整（增加、减少都包括）都可能会导致系统背离合作的方向，从而向（0,0）的方向演化。相比之下，图 5 – 12 中单位补贴 b 的变化对系统的影响较小，当 b 增加时，政府和企业仍向（1,1）方向演化。

在补贴制度下，调整单位补贴 b 和建筑垃圾排放量上限 Q_g 反而达不到预期的效果，甚至使系统向相反的方向演化，验证了结论 5.2 的准确性。由此可以看出，补贴制度下政府很难对影响因素进行合适的调整，这加大了政府制定政策的难度。最有效、最安全的方法就是政府提高初始的检查比例，确保政企的初始比例位于向(1,1)方向演化的区域内，促进企业进行建筑垃圾减量化活动，从而实现减量化的目标。因此，当企业向减量化方向演化时，政府对单位补贴 b 和建筑垃圾排放量上限 Q_g 可不做调整，因为它们的变化很可能会起到反作用，达不到预期的"检查，减量化"的策略目标。

5.6
排污费制度和补贴制度的比较分析

在调整初始比例的过程中，发现排污费制度下政企行为的变化模式和补贴制度有所不同。

排污费制度下，企业到达稳定策略的演化时间短于政府所需时间，证明排污费制度下企业的学习调整速度更快。这是一把"双刃剑"，较快的学习速度可以使企业更快地达到"减量化"这一稳定策略，也会导致企业快速地达到"不减量化"这一稳定策略。政府采用排污费制度对企业行为进行调整时，存在着风险。因此，政府采取排污费制度来约束企业行为时，要注意观察企业减量化比例的变化情况，并及时作出调整。

补贴制度下，当系统向"不检查，不减量化"这一不合作方向演化时，企业演化至"不减量化"状态所需时间要长于政府演化至"不检查"状态所需时间，而系统向"检查，减量化"的合作方向演化时，政府和企业演化至稳定策略的时间和路径大致相同。这体现了补贴制度的优势：当系统向不合作的方向演化时，企业的学习调整速度较慢，政府有充足的时间调整政策，改变企业的演化方向；

而系统向合作方向演化时，企业的学习调整速度并未受到影响，其速度与政府相当，使得政府制定的政策可以很快地发挥效果。

在对影响因素进行调整的过程中，发现排污费制度下政企行为的变化模式和补贴制度有所不同。

排污费制度下，通过调整罚款和排污费，对罚款比率 k、排污费费率 θ 和建筑垃圾排放量上限 Q_g 进行分析，政府可以寻找出影响最大的因素并对之进行调整，便可使博弈系统向"检查，减量化"的方向演化。而补贴制度下，对减排补贴进行调整（即对单位补贴 b 和建筑垃圾排放量上限 Q_g 进行调整）的结果是未知的，并不能保证系统向预期的方向演化，对影响因素进行调整存在着较大的风险，政府只能通过提高初始检查比例的方式来引导企业进行减量化活动，促进系统向合作的方向演化。

因此，从这个角度来看，排污费制度下，政府可以通过调整罚款和排污费的方式来约束企业的行为、实现建筑垃圾减量化目标，而补贴制度下，政府只能通过提高检查比例的方式引导企业进行减量化活动，从而实现建筑垃圾减量化目标。

5.7
本章小结

在经济激励型环境政策工具中，排污费制度和补贴制度是两类较常用、较典型的制度。本章利用演化博弈模型，针对政府与建筑施工企业的建筑垃圾减量化行为进行研究，比较了排污费制度和补贴制度下政企博弈的结果，利用仿真模拟的方法，验证结论的准确性。最后对排污费制度和补贴制度进行分析，对两种制度的适用范围、调整方法进行了总结。主要得出以下四个结论：

不管是排污费制度下还是补贴制度下，政府和企业的演化方向是相同的，双方或"检查，减量化"，积极推动建筑垃圾减量化进程，或"不检查，不减量化"，消极对待建筑垃圾减量化政策。双方初始比例和鞍点的位置关系决定了系统的演化方向。

排污费制度下，政府可以通过对排污费费率、罚款比率、企业建筑垃圾排放量上限这三类影响因素进行调整，使企业进行建筑垃圾减量化活动。不同情况下，三类影响因素的变化对建筑施工企业的影响程度不同，需要经过具体的计算来确定出影响程度最大的因素，通过对该因素进行调整，使企业能够较快地改变行为、快速实现建筑垃圾减量化目标。

补贴制度下，政府可以通过对单位补贴和企业建筑垃圾排放量上限这两类因素进行调整，使企业进行建筑垃圾减量化活动。不同情况下，两类影响因素的变化对建筑施工企业的影响程度不同，需要经过具体的计算来确定出影响程度最大的因素。调整这一因素可以使企业向减量化方向演化，同时也会导致政府向不检查的方向演化，最后导致演化结果不确定。因此政府在调整过程中，需要注意政策调整后检查比例的变化情况，防止建筑垃圾减量化活动向背离预期结果的方向演化。

对排污费制度和补贴制度进行比较。发现排污费制度下企业演化至稳定状态的时间较短，补贴制度下企业演化至"不减量化"状态所需时间较长，而演化至"减量化"状态所需时间与政府演化至"检查"状态所需时间大致相同，从企业演化学习速度方面看来，补贴制度的优势更突出。但是，排污费制度下可以通过调整关键影响因素的方法来引导企业进行减量化活动，而补贴制度下对影响因素进行调整可能会使系统向背离期望的方向演化，很难通过调整影响因素使系统向合作方向演化。从这个角度看来，排污费制度优于补贴制度。

6

基于政府视角的
建筑垃圾减量化管理的政策建议

6.1

各类制度的优越性与局限性分析

6.1.1 罚款制度的优越性和局限性

罚款制度是命令控制型环境政策工具的一种具体的手段，因此罚款制度有命令控制型工具的特征。由于罚款制度下是政府直接对企业进行管制，因此罚款制度最大的优势就在于有明确的减量化目标，并依靠政府的强制力（法律法规和排放标准）使建筑垃圾减量化政策与制度有可操作性，因此利用罚款制度可以确保建筑垃圾减量化政策达到预期的效果。

然而罚款制度也存在着缺陷。首先，罚款制度需要与污染物总量控制制度相结合才能够达到污染物减排的目的，目前我国对建筑垃圾还未实行总量控制制度，罚款的计取方式也没有与建筑垃圾排放量相关联，这加大了建筑垃圾治理的难度。其次，罚款制度下，政策的有效实施完全依赖于政府的管制，由于寻租等多种因素可能会导致政府腐败，继而导致政府对企业的处罚不严，使得政策制度的实施效果大打折扣。

6.1.2 排污费制度的优越性与局限性

排污费制度是经济手段的一种，根据污染者付费的原则，对排放建筑垃圾的企业按排放数量征收排污费，对超标排放的企业按超标额度征收罚款。政府可以通过调整排污费费率、罚款比率和排放上限等收费标准对企业的行为进行约束，对政府而言，比起修改和完善法律制度，对收费标准进行调整会更加容易。对企业而言，企业可以通过根据收费情况计算减量化施工所需的成本和不减量化施工所需的成本，从而选择最优策略。从政企双方在排污费制度下的博弈可以看出，排污费制度下企业的学习调整能力较强，对影响因素进行调整后，可以使企业在较短的时间内达到减量化的稳定状态。

排污费制度是一种经济手段，利用市场机制对企业的行为进行间接调整，因此它的强制力不如命令控制型工具中的罚款制度。而且在实际操作过程中，政府可能会提高排污费费率、罚款比率和排放上限等，使得企业需要缴纳更多的排污费和罚款。长期下去，企业为减少支出，可能会采取偷排、谎报的策略。因此排污费制度对政府的收费标准和费率调整幅度有较为严格的要求，政府在调整过程中需要考虑各因素之间的关系，不能随意对费率进行调整，忽略了最初的减量化目标。

6.1.3　补贴制度的优越性与局限性

补贴制度也是经济手段的一种，它与排污费制度的作用机理大致相同，即通过市场机制来改变企业的行为选择。补贴制度下，政府会对进行建筑垃圾减量化的企业给予奖励，不会对未减量化的企业进行处罚，但企业需要为排污行为付出代价，因此所有排放建筑垃圾的企业都需要缴纳排污费。由于补贴制度可使进行减量化的企业获得直接的收益，因而与排污费制度和罚款制度相比，补贴制度能够最大地激发企业进行减量化活动的积极性。并且补贴政策下企业向不减量化方向演化的速度较慢，而向减量化方向演化时，企业的演化速度与政府的演化速度大致相同，这意味着当政府决策出现失误时，政府有机会在企业选择不减量化策略之前对策略进行调整，继而改变企业的演化方向。

然而补贴制度也存在着局限性。首先，补贴制度下政府将是否进行减量化活动的选择权交给企业，与罚款制度和排污费制度相比，补贴制度的强制性较弱。其次，通过对政府和企业在补贴制度下的博弈分析可以看出，尽管提高补贴会使企业进行减量化活动的比例增加，但也会对政府的检查行为造成不利影响。对补贴进行调整很可能会使系统向背离预期的方向发展。

6.1.4　各类制度的比较分析

（1）命令控制型工具和经济激励型工具的比较分析

对命令控制型工具和经济激励型工具的比较分析，在本书中就是对罚款制度、排污费制度和补贴制度进行比较。主要从政策工具的强制性和灵活性这两个方面进行比较。

政策工具的强制性越高，政策的实施效果就越好。通过比较，发现命令控制型工具（罚款制度）的强制性优于经济激励型工具（排污费制度和补贴制度）。因为命令控制型工具大多是通过法律法规确定的，法律法规的约束力较强，且不会轻易更改，而经济激励型工具是通过市场机制实现的，没有专门对应的法律法规为基础，强制力较弱。

但在政策工具的灵活性方面，经济激励型工具的灵活性要高于命令控制型工具。主要从调整政策工具的难易程度和内容两方面进行分析。首先，因为改变收费费率和收费标准的难度要低于改变法律法规的难度，且改变收费费率和收费标准所需时间远小于改变一条法律法规所需要的时间，因此对经济激励型工具进行调整更为简单、更加迅速。其次，经济激励型工具中可调整的内容要多于命令控制型工具。命令控制型工具下，政府可以直接进行调整的内容只有罚款，而经济激励型工具下，政府可直接实现对排污费、罚款或补贴、排放标准等因素的调整，确保建筑垃圾减量化政策的有效实施。

因此可以根据污染状况选择合适的政策工具，如果污染问题非常严重，需要立即解决，且相关的法律法规较为完善，那么采用命令控制型工具（罚款制度）较为合适；反之，如果关于污染物排放的法律法规和排放标准不够全面，但当地的市场机制较为完善，那么政府采用经济激励型工具（排污费制度或补贴制度）较为合适。

（2）排污费制度和补贴制度

再对排污费制度和补贴制度进行比较。首先比较两类制度下政策实施效果。排污费制度下企业的调整速度要快于政府的调整速度。因此排污费制度对政府而言是有利也有弊，一方面，政府不必完全进行检查活动便可使企业全部进行减量化活动，节约了政府在检查过程中花费的人力、物力；另一方面，政府尚未完全不进行检查活动时，企业就已经全部停止进行减量化活动，这就导致政府的检查行为无法发挥作用，加剧了政府决策失误造成的损失。而补贴制度下可以减轻政府决策失误造成的损失。当政府向不检查方向演化时，企业向不减量化方向的演化速度较慢，尽管政府已经到达不检查这一稳定策略，仍有少部分的企业在进行减量化活动，这意味着补贴制度可以最大限度地减少建筑垃圾的排放量。当政府向检查方向演化时，企业与政府的演化趋势大致相同。补贴制度在政府消极响应减量化政策（不检查）时，仍然可以使减量化政策发挥效果，因此从政策实施效果的角度而言，补贴制度优于排污费制度。

然后，比较两类制度下影响因素的变化对政企行为选择的影响。排污费制度下，政府通过调节排污费费率、罚款比例和建筑垃圾排放量上限这三类影响因素，可以使企业向预期的减量化方向演化，并且可以通过其他变量之间的关系，找到对企业行为影响最大的因素，对这一因素进行调整，可以使企业在较短时间内演化至减量化的稳定状态，同时也推动政府向检查方向演化。补贴制度下，政府可以对单位补贴和建筑垃圾排放量上限进行调节，可以使企业向减量化方向演化，但同时也会导致政府向不检查方向演化，最终导致系统的演化结果不确定。并且在补贴制度下，调整对企业行为影响最大的因素却容易使企业向不减量化的方向演化，背离政府预期的演化方向，且政府也容易因为影响因素调整不当而向不检查方向演化。由此来看，与补贴制度相比，排污费制度下对影响因素进行调整的难度更低、风险更小、调整后的结果可预计，从这个角度看来，排污费制度优于补贴制度。

6.2
各类制度的适用条件

通过前面的分析，可以发现，任何一种制度都有着其他制度无法比拟的优越性，同时该制度本身也会有一定的局限性。对政府而言，不必局限于利用某一类政策制度解决。因此，本书中的排污费制度和补贴制度，实质上是对各类已有制度进行组合而成的新制度。例如，为体现惩罚型市场机制的特点，在排污费制度中加入罚款这一影响因素，模拟惩罚型市场机制下企业被动进行减量化活动的情况。而在补贴制度中加入排污费这一影响因素，是为了纠正建筑垃圾负外部性的影响，使建筑垃圾的外部性内在化。因此，即使通过激励型市场机制使企业主动进行减量化活动，政府也需要考虑排污费这一影响因素。本书中的排污费制度和补贴制度中增加的影响因素是这两类制度中必然会存在的因素。如果在排污费制度中不考虑罚款的影响，就无法体现惩罚型机制的特点；因为激励型机制是市场调节机制的一个类别，如果在补贴制度中不考虑排污费的影响，就不能体现特点市场调节机制的特点。

在治理污染的过程中，可以发现，制度没有优劣之分，每一类制度都有他们的优越性和局限性。需要根据具体情况选择具体的制度。因此，根据制度的优缺点，结合污染问题的严重性和制度的可操作性，总结各类制度的适用条件。

6.2.1 建筑垃圾减量化管理的初期阶段

建筑垃圾减量化管理初期阶段的特点主要如下：建筑垃圾排放量标准不明确、企业的环保意识和减量化意识较差，且政府的激励方式匮乏，只能通过管制、罚款、责令整改等行政手段来约束企业的排放行为。目前我国的建筑垃圾减量化管理处于初级阶段，与建筑垃圾减量化管理相配套的经济政策尚未成熟，政府对违规企业仍然采用收取罚款、命令企业在期限内进行整改等命令控制型政策手段，约束企业的行为，因此目前我国主要通过政府的强制性手段实现建筑垃圾减量化的目标。

从罚款制度的优越性来看，政府可以依靠强制力使污染者停止排污活动，从而确保政策目标的有效实现，环境政策的实施效果能够有所保证。因此，当面对严重环境问题时，由于事态严重、时间紧急，政府不可能通过市场机制来解决问题，此时就可以通过政府的直接管制来解决问题，对不履行减排义务的企业收取罚款，并责令限期整改或停止生产，使企业停止排放污染物。因此，如果当地的建筑垃圾污染问题非常严重，不立即解决就会影响到当地居民正常生活时，政府就需要采取强制性的罚款制度，对企业的排放行为进行约束和管制。

采取罚款制度治理建筑垃圾污染问题时，必须以相关的法律法规为基础，并且要求当地政府有足够的力量来落实建筑垃圾减量化管理政策。首先，分析法律法规对罚款制度的重要性。如果没有建筑垃圾减量化方面的法律法规为保障，政府对违规企业收取罚款、责令停产等行为就都变成了违法行为；如果法律法规中没有列出罚款的收取范围，就可能出现胡乱收费的现象，政府的公信力就会大打折扣，此时政府对企业的命令控制行为就成了一种没有参照的、盲目随机的决策行为。不仅是罚款制度，任何制度都需要有相关的法律法规做保障。其次，分析政府的管理能力对罚款制度的重要性。目前我国的建筑垃圾减量化管理政策有很多，但政府的资源十分有限，特别是从事排放量检查、监测的工作人员人数有限、专业水平有限，导致许多政策得不到有效落实，继而导致建筑垃圾减量化的目标很难实现。参考在碳排放量检测中，政府是委托第三方进行碳排放量的监测工作的，因此政府也可以考虑与非盈利的环保组织合作进行建筑垃圾排放量上限监管活动，降低政府的工作难度。

综上，罚款制度适用于解决严重的建筑垃圾污染问题，适用于解决我国现阶段的建筑垃圾污染问题，但需要以建筑垃圾管理方面的法律法规和政府对企业的有效管理为保障。

6.2.2 建筑垃圾减量化管理的发展阶段

发展阶段是向成熟阶段过渡的特殊阶段。建筑垃圾减量化管理的发展阶段下，政府的经济激励政策已初步成型，市场机制较为成熟，政府更希望通过经济手段对企业的排污行为进行约束，但企业尚未意识到建筑垃圾减量化活动的重要性，因此政府需要对不进行减量化活动的企业进行惩罚，增加企业的超排成本，刺激企业进行建筑垃圾减量化活动。与初期阶段相比，发展阶段下政府可直接通过调节收费标准来约束企业的排放行为，工作难度大大降低。而排污费制度具有惩罚的性质，因此适用于建筑垃圾减量化管理的发展阶段。

从排污费制度的性质来看，它是通过对超量排放建筑垃圾的企业进行惩罚（收取罚款和较高的排污费）来迫使企业进行建筑垃圾减量化活动。从排污费制度的优越性来看，排污费制度下企业的学习调整速度较快，且政府对收费标准进行调整的难度较小，因此政府更乐于通过排污费制度来约束企业的行为。

采取排污费制度进行建筑垃圾减量化管理活动的前提有三个。一是需要有法律法规作为保障。例如,《排污费征收标准管理办法》中主要对废气、废水、噪声、工业固体废物(冶炼渣、炉渣等)和危险废物等污染物征收排污费,尚未明确提出对建筑垃圾征收排污费。这就使得地方政府对建筑垃圾征收排污费的行为没有法律保障,存在较大的随意性。二是需要有健全的建筑垃圾排放收费机制。由于排污费制度是经济激励型环境政策工具的具体体现,如果收费机制不成熟、不健全,就会直接影响建筑垃圾减量化政策的实施效果。而我国政府已经意识到健全的收费机制对建筑垃圾减量化管理的重要性,为弥补这一空白,我国已于2016年8月在《循环发展引领计划》(征求意见稿)中提到,政府需要探索建筑垃圾计量收费的方法,建立健全的建筑垃圾排放收费制度,并向社会公开征求意见。三是政府需要有较高的管理能力。政府需要根据建筑垃圾排放量上限对企业收费,首先就要求政府必须能够对企业的排放量进行检测,防止企业为少交排污费或不交罚款而出现谎报、偷排的行为。对建筑垃圾排放量进行检测是一个较为复杂的过程,它涉及对检测人员的培训、检测技术的应用、超标排放的证据收集等方面的工作,对政府的管理水平要求较高。

综上,排污费制度具有惩罚的性质,与我国常用的治污手段较为相似,因此政府利用排污费制度可以解决发展阶段的建筑垃圾污染问题,实现对建筑垃圾的减量化管理。但该制度对法律法规、排污收费机制和政府的管理能力有着较高的要求。因此,政府决定利用排污费制度约束企业的排放行为时,需要考虑能否满足这三方面的要求,并考虑通过满足其他条件使企业进行建筑垃圾减量化活动。

6.2.3　建筑垃圾减量化管理的成熟阶段

当建筑垃圾减量化管理活动已经成熟时,发展阶段的排污费制度已经起到威慑效果,企业的减量化施工工艺已趋于合理、管理水平已有较大提升,建筑垃圾回收再利用技术和再生建材生产技术已得到初步发展,建筑垃圾减量化的产业链已初步形成。此时,政府关注的问题不再是建筑垃圾对环境造成的危害,而是将建筑垃圾减量化产业视为新型产业,政府带头进行投资,鼓励企业进行建筑垃圾减量化活动。与发展阶段相比,成熟阶段的政府不再对超量排放建筑垃圾的企业进行惩罚,而是对能够实现减量化的企业进行投资,鼓励企业进行再生建材生产和应用方面的技术创新，使建筑垃圾减量化产业成为新兴的经济增长点。因此政府需要采用补贴政策，对能够实现建筑垃圾减量化目标的企业进行投资，激发企业主动进行减量化活动的积极性。

从补贴制度的优越性来看，补贴制度下，当政府检查比例降低时，政府有充足的调整时间；当政府检查比例提高时，企业能够根据政府的行为作出调整，调整路径与政府行为变化的路径大致相同，政府的减量化政策能够得到有效落实，政策效果能够得到及时的反馈。

采取补贴制度进行建筑垃圾减量化管理活动时，也对法律法规和政府的管理能力有着较高的要求。同时，政府需要建立科学的补贴计量方法，建立以"补贴为主、排污费为辅"的激励模式，最大限度地引导企业主动进行建筑垃圾减量化活动。由于提高补贴额度后系统的演化结果不确定，因此在对补贴额度进行调整时，政府需要注意企业的行为变化，防止企业向背离期望的方向发展。

综上，补贴制度适用于企业减量化技术已趋于完善、建筑垃圾减量化产业已初步形成的建筑垃圾减量化成熟阶段，采用补贴制度时，政府需要尤其注意补贴额度的变化对企业进行减量化活动的比例变化，防止提高补贴额度后企业反而向不减量化方向演化。

6.3
罚款制度下建筑垃圾减量化管理的政策建议

6.3.1 进行经济补贴，减低企业减量化成本

首先，政府可以对企业进行经济补贴，鼓励企业进行建筑垃圾减量化活动。主要可以从两个方面进行：一是政府对研发和使用建筑垃圾减量化工艺

的企业进行直接补贴，减少企业购买新材料、新设备所付出的成本。二是政府可对进行减量化的企业给予税费减免，形成间接补贴，降低企业的经营成本。

比较这两种补贴方式，发现直接补贴可以使企业有进行减量化活动的资金，减轻了企业减量化活动前期的经济压力。但政府无法保证企业将补贴用于减量化活动，而且当企业未实现减量化时，原因也很难判断，是因为没有进行减量化研究、将补贴用于其他经营活动中，还是因为企业的科研能力不足导致减排效果不明显。相比而言，间接补贴更利于政府对企业的控制，且从长远角度来看，在市场行经济体制下，政府更希望通过市场机制来调节企业的活动，使整个行业实现长足的发展，政府不会一直对企业给予直接的经济补贴，但政府可以通过制定政策对进行减量化活动的企业进行税费减免。因此对企业来说，间接补贴更能激发企业进行建筑垃圾减量化活动的积极性。

其次，政府可出台相关政策，鼓励科研机构进行建筑垃圾减量化研究，为企业进行减量化活动提供理论依据和技术支撑。考虑到企业的科研实力与科研机构、建筑类高校等组织存在较大差距，因此政府可鼓励建筑类高校和相关科研机构通过企业开展建筑垃圾减量化的科学研究和技术合作，企业可享受建筑垃圾减量化的研究成果（研发的新设备、新工艺、新建材等），科研机构也有机会验证理论技术的实用性。如此不仅间接降低了企业的减量化成本，而且能够使建筑垃圾减量化的理论知识付诸实践，有利于推动建筑垃圾减量化产业的发展。但这种方法也存在弊端，如果企业的减量化意识薄弱，就不会同意与科研机构合作进行技术研发。只有当企业的环保意识较高时，采用这一方法才能得到较好的效果。对此，政府对建筑垃圾减量化成效明显的企业和有突出贡献的科研人员给予资金奖励，鼓励企业与科研机构进行合作。

从现阶段的建筑垃圾减量化效果来看，想要使建筑类企业进行减量化活动，政府对企业的经济支持是必不可少的。但从行业的发展角度来看，建筑垃圾减量化涉及的主体不仅有政府和企业，相关科研机构和建筑类高校可为建筑垃圾减量化提供理论依据，企业可为科研机构提供实践机会，因此政府需要调动一切可以用的资源，为企业的建筑垃圾减量化活动拓宽渠道，为行业的稳健发展打下基础。

6.3.2 适当提高罚款，约束企业行为

从减量化的现状来看，由于企业进行减量化活动会对其利益造成损失，如果没有政府的约束，企业就不会主动进行减量化活动。因此，政府对超过排放量上限的企业进行惩罚，提高企业为违规行为支付的罚款。例如，对违规企业征收罚款，如果企业的建筑垃圾排放量上限多次超标或单次排放建筑垃圾量超过标准过多，那么政府可对这类企业提出限期整改或停业整顿的指令，并通过限制企业承包项目的数量和规模、限制企业的贷款额度等方式对企业进行惩罚，这无形之中也相当于提高了企业的违规成本。

通过上述演化博弈模型分析，还可以看出目前的罚款收取标准存在问题。首先，罚款的收取具有任意性。没有确切的收取金额，没有客观的收费标准，这就使得企业会对政府的惩罚款额发生质疑。其次，罚款并未与建筑垃圾排放量相关。不管超出标准排放了多少，企业都缴纳同等的罚款，这反而会诱导企业完全不顾排放标准，排放更多的建筑垃圾。再次，减量化效果明显的企业和减量化效果一般的企业在收益方面没有区别。这就使企业即便进行减量化活动，也只会使排放量略低于排放标准，不会进一步地去考虑如何更多地减少建筑垃圾的排放量。因此政府在制定各类减排政策时，要体现建筑垃圾排放量上限这一影响因素，并且不能只通过收取罚款的方式来约束企业的行为。

6.3.3 降低检查成本，保证检查效果

企业进行建筑垃圾减量化活动也需要政府的监督检查。通过博弈分析发现，降低检查成本可以显著提高政府的检查比例，从而有效约束企业的行为。因此政府需要完善检查手段和检查方式，提高检查效率。

最有效、最常见的降低检查成本的方法就是引导公众加入建筑垃圾检查活动中。政府通过媒体手段对建筑垃圾减量化的重要性进行广泛宣传，提高公众的认知程度，并鼓励公众对企业的排放行为进行监督和举报。

降低检查成本也依赖于制度的合理性和信息的透明度。因此，政府可以参考

传票制度，将这一模式应用于建筑垃圾排放过程中，即企业需要填写排放建筑垃圾的相关信息（排放数量、排放时间、排放场地等），每转运一次，负责方就需要填写一份建筑垃圾排放信息，最后对建筑垃圾排放量上限进行确认，如超出最初企业填写的数量或政府规定的排放量上限，政府就可以根据联单寻找责任方。联单中的内容和政府检查结果会在网上公布。采用传票制度并将信息公布，不仅节省了政府对企业的排放行为进行检查所需的人力、物力，也为政府向未达标的企业收取罚款提供了依据。

6.4
排污费制度下建筑垃圾减量化管理的政策建议

6.4.1 建立沟通机制，及时掌握企业信息

从研究结果中可以看出，企业在排污费制度下的学习调整速度较快，这也说明政府的学习调整速度是落后于企业的，而政企双方演化的理想状态是双方的演化路径和演化速度一致，如此才能确保政策的有效实施，并在出现偏差时及时调整、及时改正。政府和企业的演化速度不一致的主要原因，就是政府未能及时掌握企业进行减量化活动的相关信息。政府应定期与企业进行沟通交流，了解企业在减量化过程中遇到的问题，从而积极调整政策或向上级政府反映情况，使政策更加合理。政府需要明确在建筑垃圾减量化过程中的职能，政府不仅要约束企业的排放行为，也要帮助企业实现建筑垃圾减量化目标。这样企业在接受政府检查时，就能够积极配合，偷排、谎报的行为就会减少，双方建立良好的沟通交流，如此才能切实保证建筑垃圾减量化目标的实现。

6.4.2 委托第三方进行建筑垃圾排放量的核查工作

排污费制度下涉及建筑垃圾排放量上限，政府根据企业承包的工程类型、工程规模等因素，对不同的企业制订不同的排放量上限，不管是排污费的收取还是罚款的收取，都涉及排放量的上限。尽管可以通过传票制度来监控企业的运输活动，但该制度的关键在于最开始对企业上报的建筑垃圾数量的核查，以及最后对建筑垃圾排放量的核查。如果由政府进行核查，不仅增加了政府的工作量和工作难度，也增加了政府的监管成本。因此可以将申报阶段的核查工作和排放阶段的核查工作委托给第三方核查机构，节约监管成本的同时，也提高了核查效率。政府可以建立核查机构信息库，不断地对核查机构进行考察，选出信誉较高、能力较强的核查机构，并且要保证核查机构的信息不对外公开，防止企业与核查机构串通造假。

6.4.3 适度增加排污费和罚款的额度

尽管排污费和罚款的增加可以使企业向减量化方向演化，但企业的这种选择是惩罚型机制下的被动选择。如果排污费或罚款的数额过高、建筑垃圾排放量上限设置不合理，企业就很难实现建筑垃圾减量化目标，并考虑通过偷排、谎报等方式减少需要缴纳的费用，如此并不能促进企业进行建筑垃圾减量化活动。因此，政府在提高收费标准时，应将排污费和罚款设置在如下范围：如果企业进行减量化活动，那么企业少交的排污费和罚款之和就可以弥补企业因进行减量化活动而支出的费用（目前企业进行减量化活动带来的收益要低于减量化投入的成本）。

可以看出，即使企业进行减量化活动后，减少了向政府缴纳的费用（排污费和罚款），但是当前环境下企业进行减量化活动的收益是低于费用的，因此企业仍然无法从建筑垃圾减量化活动中获得直接收益。尽管提高排污费和罚款能够迫使企业选择进行减量化活动，但最根本的方法还是提高企业在减量化活动中获得的直接收益，降低企业因进行减量化活动而增加的成本。而企业从减量化活动中获得的收益和为实现减量化而投入的成本都不是政府能够直接进行调整的因素。

政府只能发挥宣传教育的功能，提高公众和企业的环保意识，使公众和企业认识到建筑垃圾减量化的重要意义，使更多的研究机构参与到建筑垃圾减量化活动中，使企业能够获得更先进的研究成果，为企业降低减量化成本、提高减量化收益提供途径。但政府只能是构建一个有利于进行建筑垃圾减量化活动的环境，如何降低成本、提高收益还是企业自身的问题。因此在建筑垃圾减量化管理活动中，企业需要自行寻找降低因进行减量化活动增加的成本、提高在减量化活动中获得收益的方法。

6.5
补贴制度下建筑垃圾减量化管理的政策建议

6.5.1 引导施工企业转型成为高新技术型企业

在 2016 版《国家重点支持高新技术领域》中指出，工业固体废弃物减量化技术是属于高新技术领域。因此进行建筑垃圾减量化技术的企业可以申请成为高新技术企业，享受税收优惠政策。例如，政府可以鼓励企业根据自身掌握的减量化技术、施工现场的条件、企业的资金状况等因素购买或租赁建筑垃圾处理设备，对建筑垃圾进行初步的分类处理和回收利用，减少建筑垃圾的排放量。政府也可以鼓励企业与建筑类高校、科研机构等非盈利组织进行合作，共同进行建筑垃圾减量化技术研发活动。

同时，2016 版《国家重点支持高新技术领域》中还指出，新型再生建材的制备、施工、应用等关键技术也属于高新技术领域，因此政府可以鼓励施工企业进行再生建材的生产、加工和应用活动。企业在进行减量化活动的过程中，已经掌握了部分减量化的技术和方法，因此施工企业向再生建材生产利用方面转型并非难事。一方面政府引导企业进行转型，成为高新技术企业，可以使施工企业获得税收优惠，从而降低因减量化活动增加的成本；另一方面，由企业对建筑垃圾进行加工利用，形成再生建材，可以减少企业的建筑垃圾排放量，从而实现建筑垃圾减量化的目标，企业也可通过销售再生建材获得收益，提高企业因减量化活动获得的收益。

6.5.2 减排补贴应与企业减排数量相关

政府采取补贴制度的目的就是为了激发企业进行建筑垃圾减量化活动的积极性。应明确补贴的计算方式，以企业的减排数量为标准，将补贴量化，不仅能最大限度地激励企业进行减量化活动，而且能够简化政府发放补贴的操作流程、降低政府计算补贴的难度。这里又涉及建筑垃圾排放量确定的问题，因为可能会出现企业为获得减排补贴而偷排建筑垃圾、谎报排放量的现象，也可能出现企业与工作人员合谋的现象，因此政府应严格实施传票制度，并委托第三方检查机构对企业的建筑垃圾排放量进行检查。

6.5.3 严格对企业的排放行为进行检查

政府对企业排放行为进行严格检查的原因主要有两个，一是政府需要对实现减量化的企业给予补贴，如果未进行减量化的企业通过其他不正当的手段获得了政府的补贴，不仅使得减排补贴没能发挥作用，也会使其他企业学习这种不良行为，骗取政府的补贴。因此，政府必须严格对企业的排放行为进行检查，只对排放量低于排放上限的企业给予补贴。二是补贴制度下政府很难通过调整单位补贴和排放量上限来引导企业进行减量化活动。从补贴制度下的政企演化博弈结果可知，当政府调整单位补贴或排放量上限后，就导致博弈系统的演化结果是不确定的，企业最终的演化稳定状态也是不确定的。但是，政府向检查方向演化时，企业也会朝着减量化的方向演化。因此，风险最小的方法就是政府提高检查比例，使政府向检查方向演化，从而引导企业向减量化方向演化，实现建筑垃圾减量化目标。

6. 6
本章小结

　　本章在前文模型分析和仿真模拟的基础上，总结了各类减量化制度的优越性和局限性，并分析了各类制度的适用范围和适用条件，以政策制度为分类依据，提出了进一步完善建筑垃圾减量化管理的政策建议。

7

结论与展望

7.1
结论

综合前几章的分析，本书的研究成果主要如下：

无论何种制度下，政府和企业的演化方向都是相同的，或双方合作，积极响应减量化政策，演化至"检查，减量化"的稳定状态，或双方不合作，消极应对建筑垃圾减量化政策，演化至"不检查，不减量化"稳定状态。其中，政企双方进行检查和减量化的初始比例决定了双方的演化结果。也就是说，如果政府的初始检查比例较低、企业的初始减量化比例较低，此时建筑垃圾减量化政策就会失效。因此，不管政府采用何种制度来约束企业的排放行为，政府都需要提高检查的初始比例，并通过各种手段来提高企业减量化的初始比例，避免使建筑垃圾减量化政策失效。

命令控制型环境政策工具下主要手段是罚款制度。在罚款制度下，企业减量化的成本、罚款和检查成本这三个影响因素是对企业的建筑垃圾减量化活动产生重要影响的因素。政府可以通过降低企业减量化成本、提高罚款数额、降低检查成本这三种方式来引导企业进行建筑垃圾减量化活动。在这三个影响因素当中，企业减量化成本的变化对企业建筑垃圾减量化行为影响最大。通过对模型进行数值模拟，验证了结论的正确性。因此，政府首先要考虑如何降低企业的减量化成本，使企业进行建筑垃圾减量化活动，其次考虑通过提高罚款、降低政府检查成本的方式促进建筑垃圾减量化活动的开展。

对经济激励型环境政策工具下的排污费制度进行分析，发现在排污费制度下，排污费费率、罚款比率和建筑垃圾排放量上限是对企业的建筑垃圾减量化活动产生重要影响的因素。政府可以通过提高排污费费率或罚款比率、降低建筑垃圾排放量上限的方式，引导企业进行建筑垃圾减量化活动。通过比较其他影响因素之间的关系，根据表5-2来确定企业对哪一因素的变化最为敏感。通过对这一因素进行调整，使企业尽快达到减量化的稳定状态。

对经济激励型环境政策工具下的补贴制度进行分析，发现在补贴费制度下，单位补贴和建筑垃圾排放量上限是对企业的建筑垃圾减量化活动产生重要影响的因素。提高单位补贴率、降低建筑垃圾排放量上限可以使企业向减量化方向演化，但同时也会使政府向不检查的方向演化，最后导致政企演化结果不确定。因此需要慎重地调整这两类影响因素，防止政企向背离预期结果的方向演化。

根据数值模拟的结果，对排污费制度和补贴制度进行比较分析。

(1)排污费制度下，企业有着较快的学习调整速度，能够根据政府的行为及时地做出改变。政府可以利用这一特点，通过调整影响因素，早日实现建筑垃圾减量化目标，但同时也要时刻关注企业的行为变化，防止"不检查，不减量化"这一现象的出现。

(2)补贴制度下，当政府完全不检查时，在一段时间内仍有企业进行建筑垃圾减量化活动。当政府和企业向"检查，减量化"方向演化时，双方的演化路径大致相同。因此相比于排污费制度，补贴制度下政府对政策进行调整的时间较为充裕，但对单位补贴、建筑垃圾排放量上限这两类因素进行调整时需要承担较大的风险。

根据演化博弈的研究结果和模拟分析的结果，总结了各类制度的适用条件，政府需要根据实际情况来选择政策制度。

(1)罚款制度适用于建筑垃圾减量化管理的初期阶段。针对罚款制度，提出以下政策建议：一是政府需要对施工企业进行经济扶持，降低企业的减量化成本；二是适当提高罚款；三是降低政府的检查成本。

(2)排污费制度适用于建筑垃圾减量化管理的发展阶段。针对排污费制度，提出以下政策建议：一是政府需要掌握企业的信息；二是委托第三方进行建筑垃圾排放量核查工作；三是适度增加排污费和罚款的数额。

(3)补贴制度适用于建筑垃圾减量化管理的程度阶段。针对补贴制度，提出以下政策建议：一是政府需要引导施工企业转型为高新技术企业；二是将企业的建筑垃圾减排量作为减排补贴的依据；三是严格对企业的排放行为进行检查。

7.2
展望

本书对不同的制度下政府和企业在建筑垃圾减量化活动中的决策结果进行演化博弈分析，取得了一些研究成果，但在某些方面还可以进一步深入研究：

(1)建筑垃圾减量化政策制度效果的实证研究。这是因为我国目前还尚未对建筑垃圾实行总量控制、按量收费的政策，尚未因超量排放建筑垃圾而收取罚款和排污费、对减量化效果突出的企业给予减排补贴。尽管我国政府对建筑垃圾污染问题的认识较早，一直以来只对未经政府许可而随意填埋、焚烧、倾倒建筑垃圾的企业收取罚款，但不涉及因超量排放建筑垃圾而缴纳罚款的问题，更不涉及建筑垃圾排污费方面的问题。但我国政府已经意识到现行的建筑垃圾排放模式存在的问题，已于2016年8月向社会公开征集建筑垃圾计量收费的方法，建立建筑垃圾排污收费制度。因此，学者可以对政府公布的收费模式和收费标准进行统计和分析，收集与建筑垃圾排污费相关的数据，进行实证研究，对理论分析的结果进行验证。

(2)更多的建筑垃圾减量化活动的参与主体研究。建筑施工企业是建筑垃圾的直接排放者，是政府在制定减量化政策过程中需要考虑的主要约束对象。但建筑垃圾减量化目标的有效实现不是只需要施工企业的配合，也需要设计单位、建设单位等其他从业单位与建筑施工企业的共同合作。本书只对政府和建筑施工企业的减量化行为进行了研究，尚未考虑政府政策对其他从业单位的约束力，也未考虑建筑垃圾减量化政策对施工企业与各单位之间的行为影响。因此，有兴趣研究建筑垃圾减量化政策对建筑类企业行为影响的学者，可以细化政府与设计单位、建设单位等其他参与方之间的决策过程，或细化不同政策制度下施工企业与设计单位、建设单位等其他参与方之间的决策过程。政府可以针对各个单位制定更细致、更明确的政策建议。

参考文献

［1］ 黄亮. 建筑垃圾处理产业化研究［D］. 南京：南京林业大学，2009.

［2］ 陶有生. 建筑垃圾及其利用的探讨［J］. 新型建筑材料，2006，（8）：68－69.

［3］ 朱东风. 城市建筑垃圾处理研究［D］. 广州：华南理工大学，2010.

［4］ Franklin Associates. Characterization of Building-Related Construction and Demolition Debris in the United States［J］. Indian Journal of Experimental Biology，1998，10（1）：8－12.

［5］ http：//ec. europa. eu/environment/waste/studies/cdw/cdw_ chapterl－6. pdf.

［6］ 黄宗益，李兴华. 日本对建设工程副产物和建筑垃圾的处理［J］. 建设机械技术与管理，2002，15（4）：23－26.

［7］ S. Poon Chi. Management and Recycling of Demolition Waste in HONG KONG［J］. Waste Management & Research，1997，15（6）：561－572.

［8］ 胡幼奕. 建筑废弃混凝土再生利用成为砂石骨料行业的使命［J］. 混凝土世界，2015（08）：22－29.

［9］ 王罗春，赵有才. 建筑垃圾处理与资源化［M］. 北京：化学工业出版社，2004.

［10］ 杜博. 建筑垃圾回收网络体系及模型构建［D］. 南京：南京工业大学，2012.

［11］ 赵利，鹿吉祥，顾洪滨. 建筑垃圾综合治理产业化运作与对策研究［J］，建筑经济. 2011（5）：17.

［12］ 范卫国. 建筑废弃物资源化管理：域外经验与中国路径［J］. 当代经济管理，2014，36（10）：92－97.

［13］ 杨浩然. 基于生命周期评价的城市建筑垃圾管理模式研究［D］. 重庆：重庆大学，2009：3.

［14］ 赵爽，郑飞. 建筑垃圾循环利用法律制度研究［J］. 哈尔滨商业大学学报（社会科学版），2012（3）：110.

［15］ 姚磊. 建筑垃圾的再生利用及其产业化研究［D］. 西安：长安大学，2012.

［16］ 王连仁. 我国建筑废弃物资源化利用探讨［J］. 现代商贸工业，2014（9）：

28 – 29.

[17] 许睦野. 建筑垃圾处理 PPP 模式应用研究 [D]. 南京：南京工业大学，2012.

[18] 范卫国. 建筑废弃物资源化管理：域外经验与中国路径 [J]. 建筑技术，2014，36 (10)：92 – 97.

[19] 邓珊. 绿色经济理念下的建筑垃圾处理研究 [J]. 建筑经济，2014 (7)：98 – 100.

[20] 王琼，於林锋，方倩倩. 国内外建筑垃圾综合利用现状和国内发展建议 [J]. 粉煤灰，2014 (4)：19 – 21.

[21] 王磊，赵勇. 国外建筑废弃物循环利用的经验及对我国的启示 [J]，环球视角. 2011，4 (12)：39.

[22] 张小娟. 国内城市建筑垃圾资源化研究分析 [D]. 西安：西安建筑科技大学，2013：17 – 20.

[23] 李刚. 城市建筑垃圾资源化研究 [D]. 西安：长安大学，2009.

[24] 程恩富，王中保. 论马克思主义与可持续发展 [J]. 马克思主义研究，2008 (12)：51 – 58.

[25] 胡锦涛. 高举中国特色社会主义伟大旗帜 为夺取全面建设小康社会新胜利而奋斗 [M]. 人民出版社，2007.

[26] 中共中央马克思恩格斯列宁斯大林著作编译局. 马克思恩格斯全集 [M]. 北京：人民出版社，2003.

[27] 彭易成，张霞. 循环经济与传统经济学的比较研究 [J]. 现代经济探讨，2005 (7)：9 – 12.

[28] 托马斯·思德纳. 环境与自然资源管理的政策工具 [M]. 张蔚文等译. 上海：上海三联书店，上海人民出版社，2005：102.

[29] Opschoor H, Turner K. Economic Incentives and Environmental Policies [J]. Economic Incentives & Environmental Policies Principles & Practice, 1994, 1 (4)：896 – 897.

[30] Mcdonnell L M, Elmore R F. Getting the Job Done：Alternative Policy Instruments [J]. Educational Evaluation & Policy Analysis, 1987, 9 (2)：133 – 152.

[31] 金裕景. 中韩环境政策工具比较研究 [D]. 秦皇岛：燕山大学，2015：8 – 9.

[32] 喻成杰. 我国环境政策工具实施中的问题和优化选择研究 [D]. 西安：陕西师范大学，2014：13.

[33] 李腾. 建筑垃圾资源化产业发展研究 [D]. 重庆：重庆大学，2011：8 – 9.

[34] 王峥. 我国居民生存环境质量提升的政策工具选择 [D]. 济南：山东大学，2014：

22 – 23.

[35] Downing P B. White L J. Innovation in pollution control [J]. Journal of Environmental Economics and Management, 1986, 13 (3): 18 – 29.

[36] Mankiw N G. Principles of economics [M]. Cengage Learning, 2011: 430 – 444.

[37] Pigou, Arthur C. The Economics of Welfare [M/OL]. London: Macmillan and Co. Library of Economics and Liberty, 1932 [2016 – 10 – 10]. http://www. econlib. org/library/NPDBooks/Pigou/pgEW7. html.

[38] Spratt S. Environmental Taxation and Development: A Scoping Study [J]. Ids Working Papers, 2013, 2013 (433): 1 – 52.

[39] Kelly D L. Subsidies to Industry and the Environment [C]. University of Miami, Departmentof Economics, 2006: 167 – 187.

[40] Friedmann J. Empowerment: the politics of alternative development [M]. Blackwell, 1992: 12 – 16.

[41] 谭晓宁. 建筑废弃物减量化行为研究 [D]. 西安: 西安建筑科技大学, 2011: 30 – 32.

[42] 李景茹, 钟喜增, 蔡红. 深圳市施工人员建筑废弃物减量化行为趋势研究 [J]. 工程管理学报, 2015, 29 (6): 38 – 42.

[43] 陈露坤. 建筑垃圾减量化过程中的行为意识研究 [D]. 重庆: 重庆大学, 2008: 35 – 39.

[44] Osman N N, Nawi M N M, Wan N O. The effectiveness of construction waste managemen-tand its relationship with project performance [C]. AIP Publishing LLC, 2016: 35 – 45.

[45] Aja O, Al-Kayiem H. Review of municipal solid waste management options in Malaysia, with an emphasis on sustainable waste-to-energy options [J]. Journal of Material Cycles & Waste Management, 2014, 16 (4): 693 – 710.

[46] Ngoc U N, Schnitzer H. Sustainable solutions for solid waste management in Southeast Asian countries [J]. Waste Management, 2009, 29 (29): 1982 – 1995.

[47] Arif M, Bendi D, Toma-Sabbagh T, et al. Construction waste management in India: an exploratory study [J]. Construction Innovation, 2012, 12 (2): 133 – 155.

[48] 刘浪. 循环经济理论在建筑垃圾管理中的运用 [D]. 重庆: 重庆大学, 2007: 32.

[49] Osmani M. Construction Waste Minimization in the UK: Current Pressures for Change and Approaches [J]. Procedia-Social and Behavioral Sciences, 2012, 40 (7): 37 – 40.

[50] Cooper J C. Controls and incentives: A framework for the utilisation of bulk wastes [J]. Waste Management, 1996, 16 (1): 209 – 213.

[51] Duran X, Lenihan H, O'Regan B. A model for assessing the economic viability of construction and demolition waste recycling-the case of Ireland [J]. Resources Conservation & Recycling, 2006, 46 (3): 302 – 320.

[52] Poon C S, Yu A T W, Wong A, et al. Quantifying the Impact of Construction Waste Charging Scheme on Construction Waste Management in Hong Kong [J]. Journal of ConstructionEngineering & Management, 2013, 139 (5): 466 – 479.

[53] Kularatne R K A. Erratum to: Case study on municipal solid waste management in Vavuniya township: practices, issues and viable management options [J]. Journal of Material Cycles &Waste Management, 2014, 17 (1): 51 – 62.

[54] Calvo N, Varelacandamio L, Novocorti I. A Dynamic Model for Construction and Demolition (C&D) Waste Management in Spain: Driving Policies Based on Economic Incentivesand Tax Penalties [J]. Sustainability, 2014, 6 (1): 416 – 435.

[55] 张小娟. 国内城市建筑垃圾资源化研究分析 [D]. 西安: 西安建筑科技大学, 2013: 34 – 39.

[56] 陈天杰. 成都市建筑垃圾减排及资源化利用研究 [D]. 成都: 西南交通大学, 2014: 40 – 46.

[57] 王红娜. 西安市建筑垃圾资源化利用研究 [D]. 西安: 长安大学, 2014: 25 – 27.

[58] Dainty A R J, Brooke R J. Towards improved construction waste minimisation: a need for improved supply chain integration? [J]. Structural Survey, 2004, 22 (1): 20 – 29.

[59] 孟明. 最优化设计及其在化工设备设计中的应用 [J]. 轻工科技, 2014 (8): 134 – 135.

[60] 许士春. 市场型环境政策工具对碳减排的影响机理及其优化研究 [D]. 北京: 中国矿业大学, 2012: 49 – 60.

[61] 高杨. 考虑成本效率的市场型碳减排政策工具与运行机制研究 [D]. 天津: 天津大学, 2014: 50 – 70.

[62] 刘戈, 菅卿珍, 尤涛. 基于循环经济的绿色建材产业链进化博弈分析 [J]. 科技管理研究, 2014, 34 (5): 144 – 148.

[63] 史密斯. 演化与博弈论 [M]. 上海: 复旦大学出版社, 2008: 29 – 50.

[64] 姚伟明. 建筑垃圾全过程管理博弈研究 [D]. 北京: 北京交通大学, 2015: 24 – 40.

[65] 刘戈, 李雪. 基于博弈分析的绿色建筑激励机制设计与激励力度研究 [J]. 科技管理研究, 2014, 34 (4): 235 – 239.

［66］ 温丽华. 灰色系统理论及其应用 ［D］. 哈尔滨：哈尔滨工程大学，2003.

［67］ 陈天杰. 成都市建筑垃圾减排及资源化利用研究 ［D］. 成都：西南交通大学，2014.

［68］ 邓珊，刘立国. 绿色经济理念下的建筑垃圾处理研究 ［J］. 建筑经济，2014（7）：98–100.

［69］ 许元，李聪. 城市建筑垃圾产生量的估算与预测模型 ［J］. 建筑砌块与砌块建筑，2014（3）：43–47.

［70］ 张小娟. 国内城市建筑垃圾资源化研究分析 ［D］. 西安：西安建筑科技大学，2013.

［71］ 吴宗良. 建筑垃圾处理产业 PPP 模式研究 ［D］. 西安：西安建筑科技大学，2011.

［72］ 吴金莲. 南京城市房屋建筑垃圾产量趋势以及资源化产业研究 ［D］. 南京：南京大学，2012.

［73］ 贾顺. 重庆市建筑垃圾现状分析及综合利用研究 ［D］. 重庆：重庆大学，2012.

［74］ 温丽华. 灰色系统理论及其应用 ［D］. 哈尔滨：哈尔滨工程大学，2003.

［75］ 张红玉. 基于 ARIMA 模型的北京市朝阳区建筑垃圾产量分析与预测 ［J］. 环境工程，2014（32）：696–699.

［76］ 陆明希，严广乐. 基于神经网络灰色 Verhulst 算法的 CPI 预测模型 ［J］. 统计与决策，2009（17）：52–53.

［77］ 张小娟. 国内城市建筑垃圾资源化研究分析 ［D］. 西安：西安建筑科技大学，2013.

［78］ 许元，李聪. 城市建筑垃圾产生量的估算与预测模型 ［J］. 建筑砌块与砌块建筑，2014（3）：43–47.

［79］ 熊萍萍. 灰色 MGM(1,m)和灰色 Verhulst 模型的优化方法研究 ［D］. 南京：南京航空航天大学，2012.

［80］ 杨洪刚. 中国环境政策工具的实施效果及其选择研究 ［D］. 上海：复旦大学，2009：17–30.

［81］ 徐建中，徐莹莹. 政府环境规制下低碳技术创新扩散机制——基于前景理论的演化博弈分析 ［J］. 系统工程，2015（2）：118–125.

［82］ 王红娜. 西安市建筑垃圾资源化利用研究 ［D］. 西安：长安大学，2014：25–27.

［83］ 吴小建. 经济型环境政策工具的描述与实现 ［J］. 长春理工大学学报：社会科学版，2015（1）：16–19.

［84］ 朱林. 我国高新技术企业税收优惠制度问题研究 ［D］. 南京：南京大学，2011：25–40.